阅 读 成 就 思 想……

Read to Achieve

心理咨询与治疗系列

潜意识觉醒

用图解读看不见的自己

安心 著

中国人民大学出版社

·北京·

图书在版编目（CIP）数据

潜意识觉醒：用图解读看不见的自己 / 安心著.
北京：中国人民大学出版社, 2024. 9. -- ISBN 978-7
-300-33244-4

Ⅰ. B842.7-49

中国国家版本馆CIP数据核字第2024KP8182号

潜意识觉醒：用图解读看不见的自己

安心　著

QIANYISHI JUEXING : YONG TU JIEDU KANBUJIAN DE ZIJI

出版发行 中国人民大学出版社	
社　　址 北京中关村大街31号	**邮政编码**　100080
电　　话 010-62511242（总编室）	010-62511770（质管部）
010-82501766（邮购部）	010-62514148（门市部）
010-62515195（发行公司）	010-62515275（盗版举报）
网　　址 http://www.crup.com.cn	
经　　销 新华书店	
印　　刷 天津中印联印务有限公司	
规　　格 720mm×1000mm　16开本	**版　次** 2024年9月第1版
印　　张 18 插页1	**印　次** 2024年9月第1次印刷
字　　数 223 000	**定　价** 99.90元

序

你好，欢迎你翻开这本有趣、有道具、有方法、可操作的心理疗愈书籍。

如果你在生活中有很多痛苦，但无法用苦思冥想来解决，就让我们直达潜意识，去看看真相吧！

别在假象之中苦苦挣扎了，否则每次你都将鼓起勇气用力改变，却在精疲力竭后才发现自己仍然在原地打转。真相往往埋在心灵幽处，难以触及。你需要一个可以直达问题本质的方法——唤醒你的直觉。这个方法并不难，但你最好借助个工具。

比如，你在爱情中也许有这种扎心且"无理"的痛苦：

- 我要拯救你，你却在排斥我；
- 越爱你，越痛苦；
- 渴望爱，却比谁逃得都快。

请看图 F-1，你先不用去想它是什么、怎么用。你只需知道，这张图与你的爱情有关，它代表了你与爱人之间关系的"本真"。请在下面的横线上回答各问题。注意，无须过于理性地分析，只凭直觉就好。

图 F-1 乾 32 号东真图和"爱情"东真字图组

练习

1. 这张图给我的第一直觉是（用一个词来形容这个画面正在发生什么）：

_____

2. 右上角的那只手的主人的心情是：

_____

3. 下面的人的心情是：

_____

4. 画面动起来了，我觉得接下来会发生：

_____

你的潜意识会通过这幅图投射出来，让我们看看它暗藏着哪些秘密。

- 你们之间的关系模式。比如，救赎、控制、抛弃、压制、吸引、追逃、玩耍、疗愈，等等。

- 关系中高位者（主动者）的内心状态与诉求。比如，焦急、嫌弃、冷漠、平和、温暖、有力、奉献，等等。

- 关系中低位者（被动者）的内心状态与诉求。比如，悲伤、自由、恐惧、放松、寒冷、逃离、抗拒、疲惫，等等。

- 关系中发展的未来剧本。比如，被救赎、被抛弃、逃走、被吸引、被疗愈、被控制、合为一体，等等。

再来看看图 F-2。相信你一定听说过"原生家庭会影响我们一生"的说法，你的内心有着什么样的信念？请用直觉回答以下问题，并把答案写在横线上。

图 F-2　乾 4 号东真图和"家人"东真字图组

1. 我觉得门里面的场景和氛围是：

2. 看到这个场景时，我的心情是：

3. 画面动起来了，我看到：

你的潜意识又会通过这幅图投射出什么秘密呢？

- 你与原生家庭的真实的关系与感知。比如，一家人等着你回家吃饭、家里一片沉默、其乐融融的大家庭、压抑窒息的家、空无一人的家，等等。
- 你对原生家庭的总体感受。比如，感到快乐幸福、想逃、愤怒委屈，等等。
- 你与原生家庭未来的关系模式。比如，进门与家人用餐、在门口纠结、家人出来迎接、按电梯离开，等等。

关于职业天赋，你的潜意识会投射出什么重要信息？请看图 F-3，然后用直觉回答以下问题。

练习

1. 假设这扇门里是你正在做你认为最有价值且喜爱的工作，那么现在请你放弃一切客观理性与主动构想，闭上眼睛、坚定信念。打开门，你会看到一个场景，

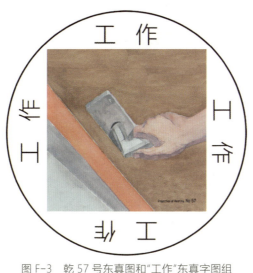

图 F-3　乾 57 号东真图和"工作"东真字图组

你正在：

2. 你的心情是：

3. 你觉得此刻的自己实现了什么重要价值：

你的潜意识会通过这幅图投射出这些秘密。

· 场景代表你内心最理想的自己，或内心觉得最有价值的事。比如，在台上讲着什么、和家人在一起、在行侠仗义，等等。

· 心情代表你对自己这种状态的心理反应。通常有两种：（1）正面的，比如，满足、自豪、平静、安稳等，通常代表你的内在是有力量去追求实现的；（2）负面的，比如，忐忑、害羞、退缩、否定等，通常代表你的内在自信力不足，自我怀疑比较多。

· 重要价值代表对世界观和价值观的确认与重新审视。

以上这些可以体现潜意识的图叫"东方真我图"，简称"东真图®"①，是一种在心理咨询中很实用的心理投射工具。心理投射是一种非常快速且神奇的疗愈方法，能让我们在完全清醒的状态下，绕过我们的防御直达潜意识。它的原理是，我们会在不知不觉中将自己的思想、态度、愿望、情绪、性格等个性特征反映在外界的人、事、物上。

心理投射的原理并不难，我国古代很早就有对这种投射心理的觉察，比如："心中有佛，所见皆佛。"意思是，心里有佛的人看什么都会像是尊佛。又如："心有所想，目有所见，心有所思，行亦随之。"这句话出自清代周希陶的《增广贤文》。意思是，我们心里想什么，眼睛就会容易看到什么，关于心中的想法，我们会在行为上不自觉地去实现它。

东方真我图是我的原创作品，由 234 张图片、144 张字组成，每一张图均由我构思、设计、绘画（见图 F-4），家父还为此题了字（见图 F-5）。它基于心理投射的原理，经过巧妙设计，融合了丰富的本土化生活场景、传统文化元素，能更好地触及中国人的生活记忆，快速触发中国人的潜意识，规避了中国人在使用西方卡牌时因文化差异而产生的水土不服感。

东方真我图的操作很简单，使用者只需借助画面的模糊刺激进行自由联想，就能快速、精准、深入地与潜意识沟通，从而找到问题根结，发现真我、回归本心。东方真我图目前共有 66 个"心灵处方"，即通过不同的图片组合形成阵列，有针对性地解决不同的问题，与中医的方子类似。本书将用

---

① "东真图"为注册商标，为了后文表述简练，不再标记。

图 F-4　我与东方真我图

图 F-5　家父为东方真我图题的字

20 多个案例[1]呈现其中的一部分。即使你没有心理学基础，也可以使用它进行自我疗愈，它会让你体验到一种奇特且强烈的心灵冲击感。

借助这种有趣的方法，你将学会与内在沟通、发现问题本质、获得智慧、寻找心理困境背后的真相并加以疗愈，解决自我评价、情感、家庭、财富、职业、创伤疗愈等问题，让身心重获健康。

安心语录

当你照镜子时，你会看到自己的外表。

当你看东真图时，你会看到心灵的模样。

潜意识觉醒：用图解读看不见的自己

---

[1]本书中的案例均已获得来访者的允许，且为了保护他们的隐私，本书将使用化名，并隐去了一些可以识别出他们身份的细节。

目　录

潜意识觉醒：用图解读看不见的自己

第 1 章

心理投射
心理疗法
为何
如此特别

如果看不到潜意识，那么再痛苦也无法疗愈

提到潜意识，一定绕不开西方心理学鼻祖西格蒙德·弗洛伊德（Sigmund Freud），他是奥地利精神病医师、心理学家、精神分析学派创始人。

弗洛伊德把人的整体意识比喻成一座飘浮在海面上的冰山。我把冰山换成了一个人的样子（见图1-1）后，就更加形象了。

图1-1　拟人化的"冰山理论"

海面上可以被看见的部分是我们的意识（conscious）层，它是我们可以自知的部分。所谓"自知"，就是"我知道我知道"。比如，我知道我现在正在电脑前打字，我知道我正在表达弗洛伊德的理论思想。意识层包含了我们的行为、思想、知觉。它只占了全部意识的10%（还有一种说法是5%）。

水面摇摆不定的部分为前意识（preconscious）层，它是可以被唤醒的部分。所谓"唤醒"，就是"我好像知道，让我想想"。比如，我得想想我上个星期做了几次咨询？我小学那个胖乎乎的同桌叫什么翔来着？前意

潜意识觉醒：用图解读看不见的自己

识层包含了回忆、感触、记忆。它在全部意识中的占比也很小。

水面以下的部分为潜意识（unconscious）层，又被称为"无意识"，它是人们不自知的。所谓"不自知"，就是"我知道我不知道"，即我知道我有潜意识，但不知道潜意识中有什么。也许在此之前，你处于"我不知道我不知道"的状态，即"我不知道自己不知道有潜意识的存在"。然而，此刻的你已经升级为"我知道我不知道"了。

分享一段我的经历，你便能知道潜意识有多神奇了。

在我上小学时，曾有一个阶段无法听见老师讲课。经过检查后，确认我的听力没有问题。可是，老师在讲台上激情澎湃、唾沫星子乱飞，声音却"很识趣"地绕过了我的大脑，根本无法被我理解。上课听不见，成绩自然不好，我经常因此挨打。直到多年后我接触了心理学，在我探索潜意识时才发现当时的真实原因是出于无奈和愤怒。当时，我的父母经常吵架，但我对自己当时的反应没什么印象了。与母亲沟通此事后我才知晓，我当时在看他们吵架时既不哭也不怕，该吃吃该喝喝，看起来颇为淡定。母亲为此心生疑惑：别人家孩子看到父母吵架都被吓哭了，为什么女儿却是一副"不关我事"的态度呢？这么潇洒的心态，实在不像几岁的孩子该有的。后来我才知道，其实我当时是不自知地启动了自我保护程序，是我让自己"听不见"的。我把这个无法面对的问题用"隔离"的方式压抑到潜意识层深处，让自己不用去面对，也将恐惧保护起来了。可是，与此同时，我也"听不见"老师讲的课了。

从我的这段经历中可见，当时的我处于"我不知道我不知道"的状态中，即我不知道我有潜意识，更不知道我在被潜意识用选择性隔离保护着；长大后，我来到了"我知道我不知道"的状态，即我知道我有潜意识，但我不知道潜意识中的原因；最后，我终于到了"我知道我知道"的状态，即我知道我有潜意识，也知道潜意识是如何自我保护的，还知道它在保护我的同时也害了我。

在中华传统文化中，潜意识通常被解释为"心性"。心性是一个人内在的本性，也是一个人的道德和精神品质的基础。心性像一个一直开放的巨型接收器，在家庭、社会、文化中，你所经历的一切都会被心性接收。有的被打包放在深处，有的通过自省、打坐、静心、禅修等方式被觉知到。放心，你从小到大的一切信息都没有被遗忘，它们都会以感觉、画面、味道的形式存放在心性中，只要再次遇到相似的经历或画面，就会被立刻激活。**心性深处藏着真实的你，也藏着使你痛苦的真相。**

相较于意识层面，潜意识真我具有以下属性：

- 它不分是非黑白，对它来说没有正义与邪恶之分，它唯一的准则就是保护你；
- 它没有逻辑性可言，不会因为有些"保护程序"不再需要而停止运行；
- 它掌控了大部分的决定和行为，一旦意识与潜意识想法不一致就会产生内耗；
- 它是情感、感觉和直觉的来源，它高于意识层面，是另一个维度的智慧；
- 它更容易受到暗示和影响，让你误以为一些决定完全是大脑自主发生的；
- 它不受意识控制，只能通过沟通被觉察、被续写，通过反复练习被洗刷；
- 它有超凡的记忆力，你经历所有的一切都保存在潜意识里，最终以感觉来储存；

- 它不需要启动，自从你成为一颗受精卵起它就开始运行，甚至在睡觉时也不会停歇。

目之所及，皆为表相；心之所识，乃见本真。

心理投射的运作奥秘

心理投射是一种"自我欺骗"的方式，能帮助我们逃避一些内心的不满和矛盾。投射测验（projective test）是心理测验的三大技术之一[1]，它通过受测者对模糊不清、结构不明确的刺激做出的反应进行分析，推断其人格特征。投射测验被广泛应用于临床治疗中，尤为适用于儿童，因为儿童的表达能力相对较弱且惧怕权威，通过投射能起到发掘其内心的作用，即"我不是在说我自己，我是在说图里的这个人"。投射测验在成年人当中使用时也不受制约。对于在倡导"中庸之道""表达含蓄"文化基调下成长的中国人来说，也是非常适合的。

我们来举个例子，比如你看到了一朵花（见图 1-2）。

如果你心里装着的是外貌焦虑、很自卑，那么你在看到花时可能会想："你看植物都比我漂亮，我却长得那么丑。"

如果你心里装的是自信，那么当你看到这朵花时可能会想："哇！我就像这朵花一样漂亮。"

如果你心里装着悲伤，那么当你看到这朵花时可能会想："唉，你别看它现在这么美，但它会稍纵即逝，过不了几天它就枯萎腐烂了。"

如果你心里装着非常积极的、正向的想法，那么当你看到这朵花时可能

---

[1]另外两种是客观心理测验和情景活动测验。

图1-2　坤69号东真图

会想："花这一生虽然短暂，但它可以绽放得如此夺目，它在全力以赴地完成自己的使命，真美啊！"

我们可以用反推来照见潜意识真我的状态。比如，当你看到一个女生看一朵娇艳绽放的花时说"植物都比我漂亮多了"，你就可以推测出，她的内心是自卑的，她对自己的容貌很不满意，对自己的评价也不高。因此，从早上醒来睁开眼的第一秒起，你看到的画面、听到的声音等，都让你时时刻刻生活在投射中，你的世界就是由你的心投射制造出来的。

古人很早就发现了这个规律，告诉我们"境由心转"。也就是说，你身在何处，取决于你用什么样的心来看这个世界。你无须改变世界，只要改变心境就可以从地狱到天堂。

境由心转是一种能力，但并非人人具备。借助东方真我图，你可以提升自己的这个能力——当然，这并不是让你自欺欺人，而是让你换个角度看万事万物。

东方真我图的含义与疗愈体系

东方真我图作为一项技术的名称，对应的英文为"Projection of Real me"，简称"PRM®"[1]，英文的含义是"真我的投影"，也就是通过心理投射看到真实的自己。东方真我图不仅体现出了心理投射的原理，还蕴含着"潜意识才是真实自我的本质"的洞见。

"东方"一词顾名思义，明确了它在东方大国中孕育而生的属性。

"真我"是什么意思呢？在道家思想中，它是指一个人内在的本质和真实的自我，超越了个人的身份、地位和社会角色；真我是人们永恒的本体，超越了时间和空间的限制；人们应该通过修炼和内省来认识和体验真我。这种修炼涉及追求内在的平衡与和谐，以及超越个人欲望和表面上的诱惑。通过这样的修炼，人们可以发现真我，并最终实现自我完善和自我解放。在这本书中，我将用更中国的方式将潜意识称为"真我"（即真实自我），修真辨假。

你可能会有疑惑，东方真我图从外貌上看来与从西方引进过来的一些卡牌相似，为什么不将它称为"卡"呢？因为"图"是一种非常传统的叫法，自古我们就称美术作品为"图"，如《清明上河图》《洛神赋图》。"卡"则是英文单词"card"的音译。因此，请你在使用东方真我图时，简称其为"东真图"，而非"东真卡"或"东真牌"。

一套完整的东方真我图（部分产品见图 1-3）包含 144 张东真图（分为乾图和坤图，使用时通常会混在一起用，部分东真图见图 1-4）、144 张东真字（部分东真字见图 1-5）、90 张人像图（部分人像图见图 1-6）。[2]乾（含

---

① "PRM"为注册商标，为了后文表述简练，不再标记。

②特别说明：未经授权，任何人不得擅自使用东方真我图及图阵方子用于各种媒体的传播。经过系统学习者，可申请终身授权资格。

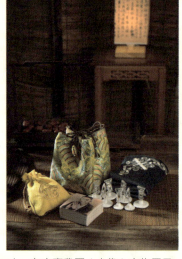

a 　东方真我图（乾）实物展示　　　　b 　东方真我图（人像）实物展示

图 1-3　东方真我图部分实物展示

a 　部分东真图（乾）展示　　　　b 　部分东真图（坤）展示

图 1-4　部分东真图展示

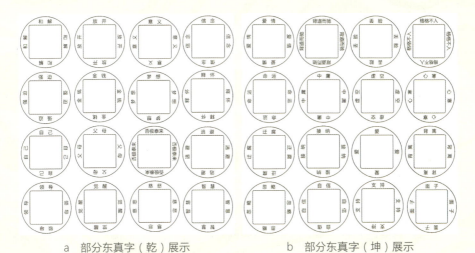

a 部分东真字（乾）展示   b 部分东真字（坤）展示

图1-5 部分东真字展示

图1-6 部分人像图展示

72 张图和 72 张字）与坤（含 72 张图和 72 张字）都是各种形态内容的投射图加字。

东真字中的字词除了有丰富的情绪词和名词外，还包括具有中国文化背景的独特词汇，比如，道、中庸、否极泰来、物极必反、背道而驰、虚空、画蛇添足、面子、窝囊，等等，有助于起到"靶向"的作用。

人像图由成人人像图（49 张）和儿童人像图（41 张）组成，共 90 张，均为亚洲肖像。前者的背面中心为成年女性（见图 1-7），后者的背面中心为女童（见图 1-8）。

东方真我图目前有 66 个针对不同问题的图阵方子（见图 1-9），它与《黄帝内经》的 13 个方子类似，但前者是一套疗愈心灵的"心医方子"库，且数量还在不断增加。既可以"单方"使用，又可以做系统疗愈。因为有这种可视化技术的帮助，所以你学起来会很容易，通常学 10 天左右就可以初步掌握东方真我图了。

图 1-7　成人人像图背面

图 1-8　儿童人像图背面

图 1-9　图阵方子

　　在东方真我的疗愈系统中有八大步骤，环环相扣、层层递进。每个步骤包含几个到十几个图阵，形成解决问题的"心医方子"库。

- 第1步：评估。用正负词评估表快速评估心理状态及发现问题所在，需在咨询的初、中、后期分别进行评估跟踪。针对个别目测状态有问题的来访者进行专业的心理量表评估，以确保其问题适用于 PRM 技术。

- 第2步：游戏式解读。通过几个图阵方子以看似游戏的方式建立咨访关系，提升来访者解读潜意识的能力，同时结合评估内容，帮助来访者发现核心问题。

- 第3步：了解自我。通过相应的图阵方子帮助来访者梳理自身、提升自我觉察和内在探索的能力、更新自我认知。

- 第4步：过往创伤事件。通过相应图阵帮助来访者发掘潜意识中隐藏压抑的创伤、发现自我模式、找到问题来源、激发内在资源、扫除心理阴影。

- 第 5 步：问题处理。针对需要单独处理的问题，获得疗愈并找出处理方法，有十几种不同维度的方式能有助于激发调动内在资源，处理好具体创伤事件，在克服困扰事件的同时调动行动力。
- 第 6 步：生命 vs 动力。帮助来访者将视角提高到生命维度，将问题用更宏大的生命背景稀释，获得明确的生命目标并激发生命内驱力。
- 第 7 步：家庭融合。家庭（团体）成员关系融合沟通，帮助成员理解彼此的想法，融合关系并一起解决问题、转变观念、体验新的互动模式。
- 第 8 步：重建关系。包含对亲子关系、夫妻关系（其他团体关系）的调和，了解自身和其他成员在关系中的潜意识诉求，了解彼此的不同观念，并建立一套新的沟通模式。

在使用图阵方子时，我们可以借助编码来简化。

- X：选择（xuǎn zé）
- C：盲抽（máng chōu）
- DZT：东真图（dōng zhēn tú）
- DZZ：东真字（dōng zhēn zì）
- DZRX：东真人像（dōng zhēn rén xiàng）
- DZCR：东真成人（dōng zhēn chéng rén）
- DZET：东真儿童（dōng zhēn ér tóng）

比如，"C/DZT"的意思是"盲抽东真图"，"X/DZCR"意思是"选择东真成人图"。

安心语录

生活中处处是东方真我图，所见即明镜。

如何使用东方真我图

首先，参与者需达成以下共识。

- 在独自使用时，请营造一个安静、舒适的环境，静心安神并集中意念观想自己，放弃头脑的思辨，唤醒直觉力。在放松身体的同时，带着问题用直觉与东方真我图建立联结。

- 解读无对错、无高低、无输赢。保持中立、打开的状态。在团体咨询中，如果某位参与者不想分享自己的感受，就要尊重他的选择。所有参与者都需要完全尊重在场的每一位参与者，允许别人有与自己不同的解读。对于别人的解读，任何人都不得反驳、评价、纠正，要保持倾听。

- 与内在智慧联结①。

- 放弃头脑思辨，唤醒直觉力。

- 抽图时跟随身体的感受，选图时跟随内心的直觉。

- 如有问题便带着问题，接收图像所表达的信息。

在参与者达成共识后，咨询师需要向参与者解读以下仪式：

- 焚香或焚烛、净手、闭目放松、展布（图阵方子）、颂钵等（见图1-10）；

- 最好在相对安静的环境下进行，如果播放音乐，那么尽量让音乐带给参与者平静的感觉，而不是偏向悲伤或其他情绪。

---

①关于如何引出内在智慧形象，可以参考本书赠送的课程。

图 1-10　部分仪式

第一行从左到右分别是焚香、净手、闭目放松；第二行从左到右分别是展布、颂钵。

　　这样的仪式有助于参与者进入平稳的心境，更好地与潜意识联结。你可以选一种能让自己进入平静状态的方法，经常练习以解锁"秒入"平静状态的技能。

　　参与者需要注意以下几点。

- 如果在看到某些图时产生了非常强烈的情绪，就不要强迫自己去面对。建议去找专业的心理咨询师（最好是学过东方真我技术并通过考核认证的咨询师）协同处理。

- 如果参与者在处理一个问题时，抽了一张图后实在没有任何感觉，解读不到信息，那么可能存在两种情况。第一种情况是，参与者还没有准备好处理这件事情，处于无感、回避的状态（比如，"我不允许自己有负面的想法，我只想看正向的"）。此时可以让参与者再抽一张，如果同样无感，那么大概率就是这个原因。第二种情况是，参与者对这张图的感觉就是"无感"——无感也是一种感觉，其潜意识中可能不喜欢甚至是抗拒这幅画面中的某个部分。此时可以让参与者再抽一张，如果有感觉了，就说明之前那张图中有他回避的东西；如果还是无感，那就是第一种情况，即他还没准备好处理这个问题。

- 如果有一张图特别扎眼且反复出现，就说明这张图对参与者来有着特别的意义，通常代表他的卡点。
- 我们说"抽图代表的是潜意识，选图代表的是意识"，但这是相对的，并非绝对。

咨询师可以借助以下问题引导参与者探索潜意识，无须辨别推理，只需自由联想。

- 你看到了什么？
- 图中的人物在干什么？
- 图中的人物是什么心情？
- 可能会因为什么事？
- 这让你想起了生活中的什么事？
- 你的第一直觉是什么？
- 图中的 ×× 看上去像什么？
- ×× 在哪里？
- ×× 在干什么？
- ×× 是什么心情？
- 可能会因为什么事？
- 这让你产生了什么感觉？
- 这使你想到了什么？
- 这是你想要的状态吗？
- 你觉得缺少了什么？

- 你觉得哪里让你不满意？

- 如果可以，那么你想做出什么样的改变？

- 如果这样做了，那么你的身心会发生什么变化？

- 你觉得这是在哪里？

- 可能会发生什么情况？

- ×× 在做什么？还有什么？旁边还有谁？

- 为什么呢？可能是什么原因？

- 你从画面中 / 你觉得画面中的人或物听到了什么？看到了什么？

- 你从画面中 / 你觉得画面中的人或物可能感觉到了什么？

- 之后可能会发生什么？

如果你想拥有一颗高觉知的心，那么可以通过练习获得。秘诀就是，逐一对这 144 张东真图和 90 张人像图提出上述问题并凭借直觉回答。

应用举例

如果一个人无法理解自己的某种情绪，或者再怎么努力也无法突破自己，那么大概率就是因为不了解真相而在错误的方向上使劲。在获知真相后，可能会之前的自己在南辕北辙。以下是一个关于东方真我图的应用案例。

案例 1.1

梦泽因为接受不了别人迟到而得罪了不少朋友。对于生活中一些无伤大雅的小事，她却超乎寻常地较真。所有的"等一会儿"对她来说都是一种痛苦的折磨。她本以为这是因为自己信守承诺、做事太讲究效率所致，可真相却与此无关。

安心：（缓慢轻声）在开始疗愈之前，我们需要先放松身心。闭上眼睛，感受你的头发……头皮很松软。感受你的眼球……你的眼周肌肉松弛下来，眼球像两团棉花。你的整个脸颊也跟着放松下来。你的脖子……还有肩膀的肌肉舒展开……软软的。双臂温暖而沉重……你一点也不想动。每一次呼吸都让你吐出更多的压力……吸入更多的宁静。你发现呼吸越来越轻松，你的双腿随着你的呼吸更放松……更放松……现在，你整个身心都处于一种安稳而轻松的状态。接下来，我会在要求你睁眼的时候让你盲抽一张东真图。你不需要有任何的思考，只是单纯地看这张图就好，把它印在你的心里。当你再闭上眼睛时，你会感到更放松……更放松。好，现在你可以轻轻地睁开眼睛了，然后盲抽一张东真图，这将代表你等待别人过程中的状态。

梦泽：（睁眼，盲抽东真图，见图 1-11）

安心：这张图给你什么感觉？

Projection of Real me **No 71**

图 1-11　梦泽抽的坤 71 号东真图

梦泽：很像是我在等人，我就是这个扫把，在等畚斗来了才能清扫旁边的落叶。干等着让我很焦灼、很难受。

安心：这感觉像是什么呢？请你比喻一下，不需要多么合理。

梦泽：我也说不好，如临大敌似的，反正特别焦灼……我还会很生气，你说好几点就几点，凭什么让人等呢？我憋了一肚子气，等到朋友来了我也没个好脸色，总为这种事搞得不愉快。其实我自己也会迟到，唉，搞不懂。

安心：很好，仔细感受这个焦灼，它会让你联想到什么？咱们抛开逻辑，不用讲道理。

梦泽：（疑惑）我……突然联想到我妈，不知道为什么。

安心：你做得很好，把"妈妈"和这个"焦灼"放在一起，会让你联想到什么？

梦泽：（不假思索地）联想到有一次我骗我妈说学校补课，其实我是偷偷跑出去和同学玩了。不知道怎么的，我妈居然知道我撒谎出去玩了！还给其中一个同学打了电话，呵斥我回家。我当时害怕极了，回家等了好久我妈才下班回来。那天我被打得可惨了，从那以后我再也不敢偷跑出去玩了。

安心：如果把当时"等妈妈回家揍你"的心情和现在你"等别人时"的心情放在一起，你有什么感觉？

梦泽：（惊讶）很像！真的很像！对，焦灼，都是很焦灼！从那以后我就特别讨厌等我妈下班，就算没发生什么事我也讨厌。我最怕我妈说"你给我等着，等我下班回来收拾你"这种话了。再后来，我也很讨厌等别人——总之，我就是觉得等人很煎熬。可这件事已经过去十几年了呀，我以为我都不记得了呢。

安心：是的，但你依然很快就能回想起当年自己等待被妈妈打的心理状态。其实这种心情一直在影响你，慢慢地从妈妈泛化到其他人身上。

潜意识觉醒：用图解读看不见的自己

梦泽：（恍然大悟）我一直以为是我太有契约精神了呢，做事得有效率。后来我为了不再折磨自己，就拼命地跟自己讲道理，比如"生活没必要这么上纲上线"，但并没有什么用。原来，是我一直在那件事里没走出来。

假象：梦泽认为自己是一个守时且做事讲效率的人，因此无法忍受等待别人。

真相：梦泽在童年等妈妈惩罚自己时的应激反应，持续并泛化到生活中。

正确的努力方向见表1–1。

表1–1　　　　　　　　　　　　梦泽正确的努力方向

步骤	目标	具体做法
第1步	给过去松个绑	找专业的心理咨询师做1~3次深度疗愈。在潜意识中回到当年等妈妈下班的过程，然后告诉潜意识"'战斗模式'结束了，我是安全的。"这个过程也可以用不断的自我暗示来替代，但用时会更久一些
第2步	冷静面对焦灼	你需要意识到，此刻你的不舒服并不是对方造成的，而是过往体验的"后遗症"，这是可以改变的。你需要正确面对问题，减少人际冲突，从而弱化恶性循环
第3步	建立新的"等人体验"	选一首你喜欢的音乐，在你听这首音乐时会感到放松、愉悦、平静。每次听这首音乐时，你都去做自己喜欢的事（比如，做手工、浇花、冥想、吃东西、洗澡等），强化愉悦体验。通过反复地把音乐和放松的身体、愉快的心情建立强联结，你在一听到这首音乐时就会感到放松、愉悦，这与连续剧的插曲的作用相似。当你在等人时，就播放这段音乐，让自己的身心沐浴在事先建立好的条件反射中，能帮助你建立新的反应体验
第4步	脱离音乐	尝试不听音乐，只在心里"播放"，但依然投入愉快的体验中。你也可以尝试去做别的事情，如果你也可以做到平静度过，就要给自己奖励

如果把人比作一台计算机，那么显示器就是我们的意识或言行举止，主机中的程序就是我们的潜意识真我。也就是说，主机中有什么程序，显示器上就会显示什么。一旦显示器出现乱码，人们通常就会去拍显示器，并想办法修显示器。其实，是主机中的程序出问题了，应该去修复程序。

安心语录

该杀毒就杀毒（清除束缚性信念、创伤疗愈），

该删除就删除（放下过往、停止内耗），

该升级软件就升级（建立新的信念、增长智慧），

实在不行就重做系统（自我重新养育）。

记住，你永远都有选择，不要在假象里挣扎！

潜意识觉醒：用图解读看不见的自己

第 2 章

自我评价：
完整自我，
突破限制

自我评价是人格中非常重要的组成部分，它是你的人格底色。评价的好坏会渗透在爱与被爱关系里的每条缝隙中。你早期的自我认知和评价都是由"以人为镜"而来的。父母、老师、伙伴的反馈为你形成了关于"我是什么样的"的认知。如果这些人起到了哈哈镜的作用，你就会从这面镜子里看到一个"糟糕的我"。长大后，你会明白，镜子里的影子并不是你自己，而是这面镜子对外界的投射。

本章以自我评价的角度，从社交、饮食、行为模式、自爱几个方面帮你做回自己。

我为什么会恐惧社交

你或你身边的人是否常说自己是"社恐"？

"社恐"的全称是社交恐惧症（social phobia），又被称为"社交焦虑障碍"（social anxiety disorder，SAD），属于焦虑症的一种。2023 年的一则新闻报道指出，根据《中国心理健康调查》的数据，目前中国成年人社交恐惧症终身患病率约为 0.6%。也就是说，有几百万成年人正在经受或之前经受过"社恐"的痛苦。

其实，大部分人自认为的"社恐"是一种"假社恐"，即他们误将"不好意思展现自己"当成了社恐。真社恐是有躯体症状的，如不敢对视、表情抽搐僵硬、心跳加速、出汗、语言功能障碍、头脑一片空白、血压升高甚至眩晕。这些都是心理压力到了一定程度才会出现的躯体症状。如果你还没有到"快晕过去"的程度，就请不要轻易给自己贴上"社恐"这个标签。

其实，你只是太渴望社交了！

对此，你可能会不屑地辩解道："才不是！我就是不喜欢和人打交道！"

虽然不排除会有这种可能，但请你问问自己："在独处与社交这两种情景下，我能自由无障碍地切换并感到自洽吗？"如果不能，那必定有一个是你抗拒的、不喜欢的、感觉受到约束的。这种约束不是单纯的不喜欢，比如你若不喜欢蓝色，那么即使再不喜欢蓝色也不至于看到蓝色就想跑、紧张、不敢对视、心跳加速、出汗、头脑一片空白吧？然而，如果将这个不喜欢换成"社交"，就会出现上述情况。

同样都是因为"不喜欢"，为什么感受上会存在这么大的区别？案例 2.1 能给你带来启发。

案例 2.1

小鹏长得很帅，身高一米八三，在公司担任总裁助理。因形象突出、名校毕业、个人专业能力出众，在公司平步青云。光鲜之下，小鹏有一个不为人知的秘密——他一直受社交恐惧的困扰，用了很多办法都无济于事。在一次休假时，他特意飞到海南找我。在海边的一家惬意别致的咖啡店，我们找了一个安静的角落，展开了一次特别的探索。

小鹏：（规矩地端坐着，膝盖收拢，眼睛总是看着桌面）安心，不怕你笑话我，其实我特别羡慕我们公司的一些男同事。虽然他们在工作中的表现远远比不上我，但我真的很羡慕他们可以在别人面前肆意地表现自己，还能和同事随便开玩笑、打打闹闹的。就算他们的缺点被拿来开玩笑也从不在乎，甚至还加入对方自黑起来。而我呢，哪怕只是被人看了一眼也会觉得浑身不自在，还要用力装得若无其事。他们背后说我是"霸道总裁风"，其实他们不知道，我是怕与别人交谈，哪怕是对我的下属我也很怕（侧脸望向窗外的沙滩，默默地叹了口气）。

安心：是突然这样的吗？

小鹏：（低头笑）小时候还好，有点儿人来疯。怎么越长大越不如以前了呢？

安心：（笑）所以，你还是有很喜欢展示自己的一面的。

小鹏：（害羞）可能吧，我有时候确实会想象自己很健谈。

疗愈第 1 步：看到潜意识真我的某种状态

安心：在你的大脑层面，你已经做过努力了。我们今天找一个全然不同的方法。你要做的就是凭你的感觉，不讲道理、不讲逻辑。抽几张东方真我图，这些图会告诉你一些信息。好，现在先抽一张图，这张图代表你自己。

小鹏：（抽图，见图 2-1，看到图画后感到疑惑）咦？怎么是个小宝宝呢？这是我吗？

安心：请记住，使用东方真我图的原则是没有逻辑、不讲道理、只讲感觉的。你感觉这像什么时候的你？你的内心有与这幅图中相似的状态吗？

Projection of Real me No 20

图 2-1　小鹏抽的乾 20 号东真图

小鹏：有，其实有点像我社交时的感觉——心里蜷缩着，很弱小、很无助，根本不像个大人。

安心：这样的你内心会有什么期待吗？

小鹏：（轻轻地拿起图，认真地看了一会儿）期待被包得紧紧的，这样才会让我有安全感。

安心：还有什么期待？

小鹏：期待不要被看到……嗯，也不完全是……还是有些希望被照顾、被看到，有些矛盾。

安心：所以，图中代表的是什么样的你呢？

小鹏：矛盾、脆弱的我吧。

安心：很好，再来抽一张。

疗愈第 2 步：发现一个内在投射出的情景

小鹏：（抽图，见图 2-2）

图 2-2　小鹏抽的坤 66 号东真图

安心：这张图代表了一个情景，你觉得正在发生什么？

小鹏：（不禁轻轻地捂住了嘴）这张图中的人在和同事打招呼，怎么这么准啊？！这张图好像就是为我画的一样，这个男人就是我，我每次和别人打招呼时都是在强迫自己。

疗愈第3步：发现感知，即什么样的自己（第一张图）在什么样的情景下（第二张图）会有什么样的感知（第三张图）

安心：请抽第三张图，这张图代表你的感知，你看到了什么？

小鹏：（抽图，见图2-3）这张图好像是图书馆，又有点像我们公司。

安心：你在画面中吗？

小鹏：我是那个离书架最近的、穿蓝色衣服的人，我周围没有人。

安心：很好，我们结合三张图一起来感觉一下。第一张图（见图2-1）代表矛盾、脆弱的你；第二张图（见图2-2）代表你与别人打招呼等社交活动的情景；第三张图（见图2-3）代表你的感知，你感觉画面向你传达了什么？

图2-3 小鹏抽的坤27号东真图

潜意识觉醒：用图解读看不见的自己

小鹏：我感觉我就是不想让大家看到我，我只需要一个人默默的就好。

安心：被大家无视会让你感到很舒服吗？

小鹏：（疑惑）也不完全是被无视，我也希望融入大家。

安心：一边希望不要被别人看到自己，一边希望融入大家，这两个想法似乎在打架。

小鹏：（点头）是，就是这样矛盾。

安心：现在只看第三张图，请你看着那个坐在角落里的自己。抛开一切现实羁绊，尽情地去想象，画面中的世界完全由你来操控。现在出现了一个变化，这个变化让画面里的你感到最理想、最高兴、最渴望。再强调一下，在你想象的时候，抛开所有现实层面的考虑，不要受到任何束缚。帮我看看，画面会发生什么？

小鹏：（静静地盯着第三张图，片刻后伸出手指着画面中的自己害羞地说）说起来有点不好意思啊，我看到的是周围的人都非常和善、温良，没有一丝攻击性。他们有些人还在看书，但大部分人都围到我这里来了。他们很喜欢我，谈笑风生中我成了他们关注的焦点。不过，我还是会有点担心……

安心：担心什么呢？

小鹏：担心他们突然不喜欢我了，觉得我也不过如此。或者发现了我身上的某个缺点后评论我。

安心：你希望大家没有攻击性，且非常喜欢自己；你担心大家因看到你的缺点而不喜欢你，是这样吗？

小鹏：是。

安心：这种感觉和第一张图有什么联结吗？

小鹏：（惊讶）哦，对！就是这种希望不被看到但又希望被温暖呵护的感觉。天啊，这个好神奇！

安心：你似乎非常在意别人对你的评价。

小鹏：对，我确实挺在意的。

安心：这种在意对你的社交起到了什么样的作用呢？

小鹏：我之前倒是没这样思考过……感觉会和退缩、害怕联系到一起。

安心：在第三张图中，你最理想的状态是被大家喜欢、关注。也就是说，其实你很想社交、很渴望被看到。但内心的担心阻碍着你，你太怕别人不喜欢自己、太怕自己的不好被发现了、太怕在关系中被否定了。因此，你想象身边的人都是纯善的，只有没了攻击性，你才会安全。就像第一张图中的婴儿，渴望被呵护、被拥抱。为什么这么渴望？因为太缺了——外在缺，内在也缺。你能和我聊聊你考大学时发生了什么吗？

小鹏：（点头）我父母一直逼我必须考上某所"双一流"大学。那年我压力非常大，结果没考上。父母对此很失望，我也开始深深地自责。

安心：这种感觉和你在社交中的感觉有什么相似之处吗？

小鹏：（思考了一会儿）还真有，我也是怕别人不喜欢我，给我一些负面评价。你刚说"外在缺，内在也缺"，可以给我具体讲讲吗？

安心："外在"指的是别人给你的反馈，"内在"指的是你对自己的评价。对你来说，这两者都是匮乏的。你有多渴望社交、被喜欢，就有多害怕社交、被讨厌。因为太渴望，所以不能承受被不喜欢的可能。尤其是你也不是很喜欢自己，那么别人为什么喜欢你呢？这种匮乏让你在人际关系上很没有安全感。

小鹏：对，哎呀！我有这种感觉，但没你说得这么清晰，也没这么认真思考过，所以这种感觉是很模糊的。

安心：是的，有些感觉是想破脑袋也可能想不到的。今天我们是对潜意识真我层面的探索，仅凭理性思考是很难触达的。既然你知道了自己为什么有"社恐"感，那么你觉得根结在哪里？

　　小鹏：对自己的评价，是吗？

　　安心：没错，你对自己的评价是你社交的底气。底气一足，别人说什么你自然就不会那么在意了，而且他们所说的话也撼动不了你，那你还怕什么。还有一点，要接纳一定会有人不喜欢你的现实，降低期待。

　　哪怕是一台精心设计、大咖云集的晚会，也不能保证所有人都喜欢。重点在于，不要被别人的喜恶定义了你的价值。别怕别人的评价，因为没有人能真的伤害你，除非你允许。

　　如何理解这句话？我们以常见的人身攻击、侮辱诽谤为例。比如，你穿了一件白色的衣服，我对你说"哟，你穿这件红色的衣服可真土，把你衬得很黑，让你看起来就像一个灭火器。你是怎么好意思穿这样的一件衣服出来的"，那么此时你会很生气吗？心智正常的人都不会。因为我说的完全不符合事实，你一定不会认同我说的这些话，因为和你没什么关系。你可能还会觉得我很可怜，怎么连白色和红色都分不出来。你内心的笃定让你坦然。

　　如果有人对你说"你这么胖，像个煤气罐"，那么此时胖和不胖就不像白色和红色那么容易界定了，因为每个人对审美、胖瘦界定的标准是不一致的。如果这时你认同了他的标准，同意了他对你的评价定义，就允许了伤害的发生。别人说你什么你就是什么了？难道你是一块留言板吗？伤害就发生在认同的那一刻，所以不要去认同企图伤害你的话！

　　比白色和红色、胖和瘦更不好界定的是我们对自己的认知、定义、个人价值等。越是看不见摸不着、极具个人精神特性的，就越需要完整、强大的人格来让我们内心笃定。

案例分析

假象： 表面上是害怕、讨厌社交。

真相： 实际上是太重视社交，太渴望自己被喜欢、被肯定。

如果你想看清一件事情，那么不妨从这件事的反面观察一下，因为人类的很多行为遵循着物极必反的规律。在这个案例中，对于身为男性的小鹏来说，社交的方式就像面对一位女性。小鹏会在这位女性面前手足无措，生怕自己哪里表现得不好。原因有二：一是他非常在乎她，希望自己能被喜欢；二是他认为自己不讨人喜欢。因此，他索性不去面对被讨厌的可能，便产生了社交恐惧感，可谓"爱之深，恨之切"。

疗愈方法及操作步骤

这个案例用的是"自我—情境—感知"图阵方子（见图2-4）。抽每张图时都要带着抽图目的去完成，三张图按照顺序抽完解读。图阵用于发现应对

自我—情境—感知 （发现应对模式与内在信念之间的关系）

C·DZT/DZRX	C·DZT	C·DZT
①自我	②情境	③感知

图 2-4 "自我—情境—感知"图阵方子

潜意识觉醒：用图解读看不见的自己

模式与内在信念之间的关系，找到自己的行为模式背后的深层原因，也可以多做几次来展开探索。需要注意的是，对第三张图的解读需要配合前两张图，形成一个连贯的逻辑：什么样的自我，在什么情境下会有什么样的感知或应对。参与者可以自己抽图解读，但最好有一定的解读能力或专业引导。

快问快答

问：在每次探索之前都需要放松身心吗？

答：是的，放松身心的方法可以参考案例1.1。只不过，为了让本书更加简明扼要，在案例中省去了这一步。

问：在放松阶段不小心睡着了怎么办？

答：咨询师可以免费提供一次叫醒服务，哈哈。

问：在我自己探索的时候，如果对于有些图实在不知道怎么解读，那么我该怎么办？

答：你可以暂时把它放在那里，去做别的事。等稍后再看时，往往会产生不一样的感觉。你也可以借助第1章中提供的问题来引导自己回答。

问：在抽代表自我的那张图时，我抽到了一张人像图，画面中是一张老头，但我是个小姑娘，这可怎么解读？

答：使用人像图时，有时请忽略图中人物的性别和年龄，只管去感受图中人物带给你的感觉。比如，老头给你什么感觉？是幸福开心的还是沧桑无奈的？是充满智慧的还是无知憨傻的？他的心情是什么样的？像什么时候的你？

安心语录

有时候你需要点"无礼"，用来抵挡这个世界的不温柔。

有时候你需要点"跋扈"，用来笃定对自己的偏爱。

我为什么会拒绝所有爱

人有时就是这么奇怪，明明期待得要命，却拒人千里；明明很想搞好关系，却张口尽是刻薄；明明孤单寂寞冷，却对别人的关心冷嘲热讽。这像极了一只饥寒交迫的流浪猫，看到手里拿着猫罐头来喂的人，却竖起了十二分的敌意。太渴望爱，所以拒绝所有爱——其中包括爱情、友情、亲情。

案例2.2

在我课堂上，有一位叫薇薇的学员就是如此。她通过学习，找到了令自己困惑已久的原因，并因此震撼良久——多年无人理解的自己终于被看到，让她泪流满面。她把那天定义为自己的重生之日。

薇薇：我一直想不明白，我的内心很荒凉，非常渴望别人的爱和关心，但每次别人靠近我时，我唯一能做的就是推开他们，甚至还会因此得罪别人。

安心：当别人靠近你时，你有什么感觉？

薇薇：我会立刻开始怀疑和自我保护。

安心：你在保护什么呢？

薇薇：保护我自己呀！

疗愈第 1 步：与内在小孩见面

"内在小孩"通常代表了一个人过去未被满足的需求和渴望，可能是在童年时期被养育者忽视、虐待、失落或其他创伤性经历所引起的。通过催眠或潜意识投射，可以看到内在小孩的年纪，而这个年纪往往是发生创伤的时期。这个内在小孩可能会表现出对爱的渴望、对安全的需要、对自主权的追寻，以及对自尊的关注；象征着一个人内心深处最脆弱的地方；内在小孩的成长也象征着个体内心真正的成长。因此，疗愈内在小孩是心理治疗中一个非常重要的概念，是个体心灵成长的过程。人这一生养育的第一个小孩，就应该是自己的内在小孩。

安心：请你从人像图中选一张你要保护的自己。忽略性别和年龄，感觉上对就可以。

薇薇：好的（选图，见图 2-5）。

安心：这个孩子有什么样的心情呢？

Projection of Real me No 18

图 2-5　薇薇选的 18 号儿童人像图

薇薇：他非常愤怒、警惕，害怕别人伤害他；还很好强，不需要别人的可怜。

安心：别人可能会如何伤害他呢？

薇薇：别人可能会如何伤害他？嗯……我从来没想过这个问题……（思考一会儿）比如，会说他矫情、吹毛求疵、刻薄之类的，总之这个孩子不讨人喜欢。

安心：这张图中你认为不讨人喜欢的小孩，代表了你要保护的内在小孩。你觉得他身上穿着什么样的衣服？

薇薇：很破旧，他看起来就像是一个被遗弃的小孩（看似平静如水，但默默掉了两滴泪珠）。

安心：为什么你说到这里时会突然流泪呢？

薇薇：想起我父母都去世了，留下孤零零的我。

安心：嗯，如果别人表达对你的关心，那么这个小孩会如何？

薇薇：他会害怕被人看到，会躲起来。

安心：躲起来有什么好处？

薇薇：别人就不会发现他这么丑、不讨人喜欢了，能让他的自尊心不受到伤害。

安心：别人只要靠近就会发现这个小孩吗？

薇薇：离得近了就会看到吧。

安心：请你看着这张图，问问这个愤怒的小孩，他有什么美好的期待。

薇薇：他希望有人爱他。

安心：很好，他最喜欢别人用什么样的方式来爱他呢？

薇薇：（紧紧地抿着双唇，用手捂住颤抖的下巴，用颤抖的声音说）就……能……陪陪他就好。

安心：陪陪他似乎并不难，那么是什么样的"陪陪他"呢？

薇薇：（用下牙咬着上唇，酝酿良久后才艰难地说）不会离开的那种陪……（委屈地哭出来）

安心：你太害怕对方的不喜欢和离开了，所以选择先去拒绝以保护自己。

薇薇：（紧闭双眼，点头）好像……是这样的。

疗愈第 2 步：与内在小孩深层共情，建立与内在小孩的关系

安心：现在请你看着这个小孩，跟随着我对他说这样的话，"我看到你的需要了，你并不是看上去那么难以接近，你只是太需要人陪了。你的愤怒其实只是因为你不知道如何安放内心的恐惧。你受委屈了，被误会了那么久，你一定感到很孤单吧。我想对你说，宝贝，其实你很可爱，无论你是什么样的，我都会无条件地爱着你、支持你、欣赏你，我会永远陪伴着你。你不需要讨别人的喜欢，因为你已经有我了。很抱歉我直到今天才和你相见，但以后我们永远都不会分开了，你愿意吗？"

薇薇：（认真地重复着每一句话，然后不停地点着头）愿意……他说"我愿意"。

安心：很好，现在请闭上眼睛，在心里看见他。你手里有一件他很喜欢的新衣服，帮他换上，注意要帮他扣好每个扣子。

薇薇：（闭上眼睛，很认真地完成每个细节）我给他穿上了，很漂亮，他笑了。

安心：现在，带着你所有的爱，用拥抱的方式传递给他。

薇薇：（面带微笑，双手轻轻向前伸，双臂慢慢地将自己拥抱起来）

案例分析

假象： 冷漠孤僻，对人夹枪带炮、拒人千里。

真相： 太渴望爱，以至于无法面对不被爱。

本案例和案例 2.1 非常类似，都是物极必反的反向形成（即把无意识之中不能被接受的欲望和冲动转化为意识中的相反行为），这是一种很常见的心理防御方式，比如，"特别喜欢的事物中可能藏着厌恶，特别讨厌的事物中可能藏着喜欢"。我们常说的"吃不到葡萄说葡萄酸"，就简明扼要地描述了这种心理的形成过程——因为想吃但吃不到，这太痛苦了，所以用讨厌它来平衡心理。又如，在高处明明很害怕却会有个想跳下去的想法也是反向形成的自我保护机制。

薇薇的内心藏着一个"注定被讨厌"的小孩，投射出薇薇对自己的评价并不好。此外，内在小孩穿着破旧的衣裳也佐证了这一点，因为衣服往往象征着自尊与体面。父母的离世让薇薇对分离产生了焦虑，害怕自己依恋的人、事、物会消失。这让她拒绝所有靠近，以此来躲避被发现真实自我的危险。她内心的潜台词是："我不好，你一定不会喜欢我，我不要你看到真实的样子，我要自尊。"

快问快答

问：所有表面不好相处的人都是因为反向形成吗？

答：不一定，具体问题要具体分析。

问：选内在小孩的图片时，为什么要忽略性别和年龄呢？

答：图片中人物传达出的精神状态是最关键的，只要感觉上接近就可以达到效果。外观相似反而会停留在大脑层面，无法直戳内心。

安心语录

有人说"最养身的方法就是与喜欢的人在一起",那你喜欢自己吗?别忘了,你才是那个陪自己终老且不离不弃的人。

对自己的欣赏与偏爱,就像摩托车里的火花塞、蒸汽机里的锅炉,它是生命动力的源泉。

我为什么一边自责一边狂吃

越不开心越想吃,越吃越自责,越自责越不开心,越不开心越想吃……这样的恶性循环,很多经历过心理能量低谷期的人都体验过。

案例 2.3

我的学员延妍也如此,但课程中的一次简单的疗愈改变了这一切。之后她总是感叹,有效的疗愈就像点穴,只需一个动作就能让人痊愈。

延妍:老师我最近又胖了两斤,我知道我不能再胖下去了,但我总是忍不住吃,尤其是一焦虑就想吃,有时连食物是什么味道还没尝出来呢,就狼吞虎咽地填满了一肚子,像是跟别人抢似的。

安心:这样多久了?

延妍:有两个月了。

疗愈第 1 步:找到内心状态的象征

安心:请你从东方真我人像图中选一张感觉能体现你吃东西时状态的图,忽略人物的年龄和性别。

图2-6　延妍选的42号成人人像图

延妍：（只看了几张，然后眼睛一亮，毫不犹豫地选了图2-6）啊，对对对，就是这个感觉！哎呀，真是太贴切了，连她吃的东西都是我常吃的。这张图就是为我画的！

安心：这张图给你什么感觉？

延妍：我就是画面里的人，我觉得她很没出息，都已经这么胖了还吃。

安心：你觉得她心里在想什么呢？

延妍：她在想"我不能再吃了"，可又忍不住买了这么多，心里很纠结。

疗愈第2步：体会内在真我的身体感知

安心：在什么情况下，你会出现画面里的状态？

延妍：在我心情不好的时候。

安心：比如？

延妍：（思考了一会儿）在我觉得自己很没用的时候。

安心：无力感让你想吃东西。

延妍：对，可以这么说。

安心：在你吃完后会好些吗？

延妍：好一些，但有限吧。因为我会一边怕胖一边吃，在吃完真的胖了之后，又加重了自责和焦虑。

安心：还记得在吃之前，你身体的感觉吗？

延妍：反正不是饿，而是一种类似很空、焦急、渴望、不安的感觉。

安心：看看这个画面，想象接下来会发生什么情况？不要用你的大脑控制自己，就任由画面自然地流动起来。

延妍：（微微皱起眉头，看了一会儿图）天啊，她还是吃了，但吃得很纠结，像在偷吃。

安心：当你看到这个画面时，你的身体是什么感觉？

延妍：（半闭双眼，感受内在）胃这里扭着、揪着，有一种不舒服的感觉。心脏的位置也不太舒服。

疗愈第 3 步：拿出勇气，尝试转变观念

安心：你相信我吗？

延妍：（一脸不解）啊？什么意思？

安心：你相信我的办法可以帮助你吗？尽管你可能暂时不太理解我这么做的原因。

延妍：我当然是很相信老师的，这点毋庸置疑。我需要怎么做？

安心：你需要拿出一点不管不顾的勇气。坚定且温柔地和画面里的自己说些话，告诉她你支持她吃。

延妍：（震惊、懵）啊？这样不会让她吃成个大胖子吗？

安心：不会，相信我。

延妍：（尽管不理解为什么，但思索片刻后边点着头边说）好，我相信老师。

安心：接下来，请你认真地听我所说的话，我说一句，你用自己的语言对画面中的人说一句。注意，你在说每句话时都要真心地说，如果你觉得哪句话实在让你说不出口就请告诉我。

延妍：（坐直了一些，点头）好。

安心：吃吧，真的没关系。你只是想找些安全感来填补自己，你只是想从食物中获取一些能量，我知道的。吃吧，姑娘，你可以吃的。这些美味会和你融为一体，为你供给养分，你会因为这些食物而越来越健康、越来越强大。全然地打开自己，去用你的味蕾拥抱这些食物吧，它们是来帮你的。放下一切顾虑，只需去享受食物。带着轻松的自己，体会食物带来的满足。吃吧，姑娘，允许自己吃，这没什么大不了。

延妍：（一句一句地认真且缓慢地用自己的语言重复着上述这些话，说给图中的自己听）

疗愈第 4 步：放大细节，建立缓慢平和的进食心态

安心：你做得很好，接下来请闭上眼睛，在你的脑海中重现这张图。请你对图中的自己说，你可以细细品尝每一口鲜美的食物，体会口腔里四溢的味道。体会脆脆的炸鸡和牙齿碰撞时酥脆的口感，你可以听到自己咀嚼的声音。鸡肉的汁水是什么味道的，口感是丝丝缕缕且有嚼劲的，去细细品味。喝一口可乐，麻麻的感觉充满了整个口腔，甜甜的液体铺满舌头，你打了个嗝，有一种很满足的感觉。让自己慢一点吃、尽情地吃，允许自己把所有的东西都吃完，在吃的同时要留心细细品味它们。吃吧，吃吧，慢点吃，不用急，姑娘。你吃东西的样子很漂亮，也很可爱。放松地吃吧，没有人会把你怎么样。你会发现，食物让你很满足。你会比以往更快体会到被填满的感觉。你的胃暖暖的，你的身体也感觉很放松。现在请你看看，你眼前还有多少食物没吃？

延妍：（闭着眼睛，微微低头，像是在"看"桌子）还有一大半没吃。

安心：你可以把它们都吃完。

延妍：（微笑）我觉得吃不完，现在感觉挺好。

安心：去感受你的胃和心脏，有什么感觉？

延妍：一开始挺馋的，还有口水。现在就像真的吃了一些东西，胃没什么不舒服，挺好的，心情也挺好的。

安心：以后你会带着此刻放松的心态，尽情地、细嚼慢咽地享受食物，去感谢这些食物的到来，欣喜地接纳它们与你融为一体，体会你的胃被食物一点点填补的满足感。

延妍：（微笑、点头）嗯。

自那次疗愈后，延妍每次在吃东西时都会尽可能地用疗愈时接纳、放松的心理状态，细嚼慢咽，细细品味每一口食物。延妍惊奇地发现，"觉"（也就是她的味觉）回来了——之前她因为内心有强烈的冲突感，导致她无心顾及食物的味道而"不觉"。调整后，她发现汉堡从未如此地好吃过，而且只吃一个汉堡就可以获得满足。她后来再也没出现过暴饮暴食的情况，因为她不再需要与自己争夺，只需借助对自己的支持感就能填补内心的空白。

案例分析

假象： 心情不好导致暴饮暴食。

真相： 内心缺乏安全感，用退行的方式寻找安全感。

"退行"是一种心理防御机制，是指人们在受到挫折或面临焦虑、应激等状态时，放弃已经习得的比较成熟的适应技巧或方式，退行到使用早期生活阶段的某种行为方式，以满足自己的某些欲望。这是一种相对不成熟的心理防御机制，也是一种自我疗愈、自我保护的方式。

在这个案例中，延妍的退行就是从口腔获得安全感的满足。这是我们在婴儿时期的重要安全感来源之一，婴儿在口欲期就是通过口腔去探索世界以获得安全感的。如果一个人的安全感建立不足，就会出现退行行为，即通过重温小时候的应对方式来获得安全感，还可能会依赖这种方式并造成过度满足（比如，经常吸手指、咬指甲）。吃，是一个生命体确定自己可以安全地活下去的最重要的条件。当安全感不足时，就会用吃来重建。延妍之前的方式看起来是重建不成功的，因为她已经不再是婴儿，无法用婴儿的方式解决成年人的问题。

在疗愈第 3 步中有一个关键的隐藏步骤：将第二视角"对自己说"用一句话变成了第一视角，即"现在请你看看，你眼前还有多少食物没吃"。这句话将来访者从旁观劝导者变成了画面中的人物。

快问快答

问：每个有饮食问题的人都会选这张图来疗愈吗？可以使用其他东真图吗？

答：当然可以，只要参与者觉得所选的图能代表自己的内心状态就可以，但最好是人像图。在我的来访者中，也有人选了婴儿代表自己。

问：我在吃东西的时候没有什么心理压力，吃得挺开心的。不过，我想让自己少吃点，因为这样可以更健康。我还适合用这个方法吗？

答：你只是馋，建议多运动。

问：如果我在疗愈第 3 步中无法变成画面中的自己，那么我该怎么办？

答：通常都是可以变的，如果第一次没变成，就要找原因。根据这个原因解决问题，然后再变，这也是一个发现问题、扫除障碍的好时机。

问：所有暴饮暴食都是只要吃得慢、不带自责地去吃就可以好起来吗？

答：并不是，有时需要找到最根本的原因。不过大部分暴饮暴食是可以通过慢食、不评判进行调整的，可以显著减少进食量。

安心语录

这个世界上有好多纸老虎，很喜欢吓小孩。这些纸老虎叫"我不敢"或"我害怕"。在小孩看来，它们无比强大凶猛，如果自己不听话就会被吃掉，万劫不复。

其实，"我不敢"和"我害怕"有个天敌，叫"我相信"，它勇敢无畏。只有经常召唤"我相信"打败纸老虎的小孩才会长大，长大后就会变成"我相信"。

为什么我总是讨好别人

讨好是一把利剑，宝剑出鞘经善用者之手可俘获人心，因为它迎合人性的弱点——傲慢与追求优越感。不过，要想驾驭这把利剑是非常难的，使用它的人往往很可能被它的双面刃所伤。从一面来说，讨好有助于缓和人际关系、增加亲密度，把冲突损失降到最低，甚至可迷惑他人心智；从另一面来说，讨好很容易使人贪恋这种单一的形式，被困死在只会做讨好者的局面中受尽屈辱、敢怒不敢言，甚至压抑到"无愤怒"的份上，形成巨大内耗，继而转为自我攻击。更可怕的是，相当一部分讨好者受其害却不自知，认为自己"情商了得"，只怨自己的技巧还不够精湛。

那些只会讨好、不敢不讨好、必须要讨好的人，看起来真的很弱。本是一把苍穹宝剑，但在别人眼中可能被视为另一种"贱"。这种关系中的"绝对弱势"也是一种物极必反。如果讨好者想要挣脱困境、挺直腰杆，那么下面的案例定会令他醍醐灌顶。

案例 2.4

青云是我的一名来访者，一生中最大的考验来自其母亲和丈夫。青云在幼时父母离异，母亲默默地带走了姐姐，把青云留给了父亲，青云由此感到了自我价值感丧失。尽管青云最爱母亲，也向母亲说了千百次"我要和你一直在一起"，但并没有改变这个残酷的现实。即使后来父亲对青云百依百顺，也无法缝合她心中的那道伤口。直到她遇见了丈夫，她认为终于可以把自己的一生托付给这个优秀的男人了。然而，幸福并没有如期而至，青云在关系中不由自主地讨好着对方，双方的相处模式很像主仆关系。而且，青云渐渐地将这种相处模式发展到了对身边的所有人身上。

青云：我想知道我为什么在亲密关系中不断讨好退让，还非常痛苦。

安心：好，闭上眼睛放松你的身体。从头到脚，扫描你身体的每个部位、每个角落，确保它们都获得了放松。放弃头脑的思考，放弃理智与判断。启用你的直觉，把手指轻轻地放在东真图上。当你移动手指时，你的身体会告诉你在哪里停下来。你会听从身体的信号，抽出一张东真图，代表你为什么在关系中不断讨好却依然痛苦。

青云：（抽图，见图2-7）

安心：凭直觉来说，你从图中看到了什么？

青云：（摇头，自嘲般地笑）太贴切了，这不就是我嘛，任由他人取笑的小丑。唉，我看了就想哭。

安心：是什么感觉让你想哭？

青云：（无奈地哭笑）觉得人活着好辛苦啊，不得不说一些违心的话哄别人开心，事事都如履薄冰，生怕自己说错什么让别人不开心。

安心：如果你不说违心的话会怎么样？

青云：不说不行啊！不说就会失去爱，失去好的关系，失去很多。

安心：失去会怎么样？

青云：不行啊，我很害怕失去。

安心：回答我的问题，失去会怎么样？

青云：失去了，那我还有什么价值呢？就没什么意义了。

图2-7　青云抽的乾9号东真图

安心：这张图中的人，你觉得他有什么意义呢？

青云：让别人开心吧，虽然他很辛苦。

安心：画面里的人想得到什么？得到了吗？

青云：（歪着头）他想跟爱人的关系甜蜜恩爱，但是得不到，所以很痛苦。

安心：没有得到想要的，可能是因为什么呢？

青云：（自责的语气）可能是因为他还不够努力、还不够好吧？还可能是因为他太笨了？

安心：他与爱人之间关系的好坏是由谁来负责的呢？

青云：（想了想，然后轻指图中的人）好像，全由他负责。

安心：这让你想起现实中你与谁的关系？

青云：（若有所思）想起我和我的丈夫，一直以来都是我在操心、调整我们的关系。好像……他从来不担心我们关系不好。

安心：两个人的关系由一个人来负责，对此你怎么看？

青云：我们一直都是这样，但这么一说，好像这样也不对。

安心：你觉得哪里不对？

青云：（考虑片刻）两个人的关系不是应该由两个人一起负责吗？（身体突然软了下来，向后倚靠着，恍然大悟地）难怪我这么累，原来一直都是我一个人在承担！如果他不高兴，我就要哄着他；如果我不高兴，他就像没事人一样。我总是冲在前面，在这个关系中，只有我一个人在承担。

安心：如果把属于他那部分的责任还给他去承担，会怎么样？

青云：我会害怕，怕他没我积极主动。每次都是我抑制不住自己的担心，主动找他缓和关系……天啊，我都没给过他主动的机会。

安心：很好，你发现了。请通过这张图去探索你为什么在这段关系中那么讨好却那么痛苦。

青云：我是那个主动背负了两个人的责任的小丑，所以才这么辛苦。我应该把主动权还给他，不能因为他不开心，我就得陪着他不开心。他得为他自己负责，两个人的关系不能指望由我一个人负责。

安心：非常好，接下来，放松全身。和刚才一样，请再抽一张图，这张图依然代表你在关系中为什么那么讨好却依然痛苦。

青云：（抽图，见图2-8）

安心：你觉得这张图向你传达了什么样的答案？

青云：这张图让我感觉很黏，很像我在人际关系中放不下的感觉。上面是我的手，下面那个人是我丈夫。我总是忍不住去抓他，可他在向下沉。我不允许他向下沉，或者说我不允许我们的关系向下沉。一旦出现不好的情况，我就会去修补它，直到它好为止。现在看这张图，我能感到他也觉得累，每次都只能被我这么抓着。

安心：你感觉在这张图中谁处于弱势？

图2-8　青云抽的乾32号东真图

青云：（认真地看图，然后难以置信地）是他处于弱势，天啊！我从来没发现我原来是强势的。

安心：你强势在哪里？

青云：（有些激动地）你看，我把他应该负的责任拿走了，我强迫他必须接受我的讨好，我还要求我们的关系必须达到我的标准。我一直以为自己处于弱势，但这张图让我觉得，我是有力量的。

安心：如果这个力量需要调整，那么你觉得会是哪方面？

青云：不要抓得太紧吧。

安心：抓得太紧可以得到什么？

青云：嗯……会得到一个好分数。

安心：嗯，一个好分数会让你联想生活中的什么事？

青云：想起上学考试，我母亲说必须有个好成绩，所以我的成绩一直很优秀。

安心：你很在意母亲对你的期待。

青云：（瘪了一下嘴，像个委屈的小孩）嗯……

安心：把"得到一个好分数"和"与丈夫的关系"放在一起，你有什么新发现？

青云：（突然睁大了眼睛）这个感觉非常像！

安心：哪里像？

青云：我小时候是通过考试分数来确定自己是好的，现在则通过丈夫给我打的分数来确定自己是好的。对，每次和他吵架闹别扭，我都有一种考试不及格的感觉。

安心：所以你要把他抓过来重考，直到看到他给的分数让你满意才罢休。

青云：（忍不住笑出声来，边点头道）对对对，就是这样。

安心：丈夫给你打的分数，对你来说意味着什么？

青云：（平静了一些）他给我打的分数就是我这个人的价值。就像小时候要是考得好，母亲就会喜欢我、夸我、爱我；要是考得不好，她就会骂我。

安心：也就是说，你把丈夫给你打的分数当作自己人生价值的体现，你对此有什么感觉？

青云：之前我没意识到，现在觉得挺可笑的。我竟然把自己完全交由他来评判。

安心：你认为还有什么可以作为对你自我的价值评价？

青云：我是一个好母亲，我最近在努力准备事业编考试，我还有喜欢我的朋友。

安心：很好，那么这张图告诉你感情里讨好却依然痛苦的答案是什么？

青云：这张图可能是来告诉我，我还是有力量的，提醒我不要太黏了，可以多找找自己其他方面的价值感，放松点。我现在再来看这张图，觉得它没那么黏了，下面的那个人也不那么排斥了。这两张图就像是为我画的一样，真神奇！

案例分析

假象： 自己在亲密关系中处于弱势，讨好对方。

真相： 自己在亲密关系中处于强势，讨好对方。

讨好不一定是一种弱势，还可能是一种强势，只不过这种强势是以看似弱的方式体现出来的，就像是"暴力"也可以用"冷"来体现。来访者忍不住去讨好的时候，其实就是在控制这段关系。对于讨好者来说，每一段关系都像是一场关于自我价值的考试，对方就是打分的人，若不讨好对方，讨好者就会感到忐忑不安、如坐针毡。意识层面，讨好者可能觉得讨好是一种搞好关系的生存方式，但在潜意识层面也许有一个声音从未被仔细倾听过："我不允许这个关系中有坏的存在，我不允许这段关系达不到我的标准，它必须好，不好不行。"

如何扭转讨好者的角色？做好以下几点，讨好者就可以脱胎换骨、活出真我。

- 找到自我价值感丧失的早年原因。讨好者在幼年时通常都有相对强势的抚养者，或有通过讨好获得利益的行为习惯。找到内心深处的那种"恐惧"来自何处，并处理与它的关系。

- 把外部评价系统转变为内部评价系统。在讨好者看来，别人给他打分就是他的价值，自己没有价值评判权，导致过度在意别人，这是一种外部评价系统。讨好者要做的是拿回打分权，变成内部评价系统。

- 将关系中过度承担的部分还给对方。讨好者的强势会使其过度承担，可能会因为容不下关系中的坏而独自扛起关系好坏的全部责任，导致压力过大。对此，讨好者要做的就是允许关系中的千变万化，理解有些关系是由不得人的，并把对方在关系中的责任还给他。

- 拓展更多体现自我价值的事。过于单一的价值感来源会导致讨好者过分在意，反而不利于关系的健康。不妨将价值感来源拓展分摊，创造丰富的自我。

- 敢于"舍外守内"。"舍外"指的是舍弃向外求，即探索什么期待折磨你，你就要敢于放弃什么期待。比如，如果没有得到别人的足够喜欢，那么不如索性舍弃这份期待。你本自由，心火被掐灭后你会落得一身清静自在，不再过度消耗，心不死则道不生。"守内"指的是向内求，把抛撒出去的渴求和注意力收回来并还给自己，关注真我的感受及需

潜意识觉醒：用图解读看不见的自己

求，将资源投注在自己身上，敢于自我成全。

快问快答

问：我也是一个讨好者，要是我没抽到这两张图怎么办？

答：任何一张图都可以解读，你心里有什么自然会从图上看到什么，无须与案例中的一致。同时，这也与咨询师的引导有一定关系。

问：东真图中的哪几张图是比较适合讨好者进行探索的？

答：其实每张图都可以。如果一定要选出来，那么11号人像图（见图2-9）和乾66号东真图（见图2-10）也比较合适。要是配合东真字组成图组，效果就又会不一样了。

问：东真字会起到什么作用呢？

答：东真字会起到靶向作用，就像是给潜意识探索一个目标指向。文字能刺激左脑工作，图片能刺激右脑工作，将二者结合后，左右脑就

图 2-9　11号儿童人像图和"自己"东真字图组　图 2-10　乾66号东真图和"讨好"东真字图组

能同步协调配合工作了。而且，文字还具有一定的探索意义。比如，有的人觉得"麻木"是一个负面词，还有的人因觉得自己需要麻木来进行自我保护而认为它是一个正面词。再如，"改变"一词，有的人渴望改变，还有的人恐惧改变。

问：如果自己用东真图，那么该如何探索自己的讨好呢？

答：可以试试下面的练习。注意，请凭直觉作答，不要思考太多。

练习

1. 你认为图 2-9 代表了哪种状态的自己？

_____

2. 根据你的直觉，图中的人正在面对她的什么人？

_____

3. 图中的人的内心可能有什么真实的想法和感受？

_____

4. 如果你想对图中的自己说一些话，那么你会说什么？

_____

解读参考

请确保你完成了上述问题后再看解读。注意，以下粗略的、简要的解读仅供参考，具体情况还需具体分析。

1. "怎样的自己"投射出你的内在状态；

2. "面对什么人"投射出对你来说最重要或你最希望讨好的人，这个人往往是在你早年生活中的权威角色；

3. "内心想法感受"投射出你压抑或隐藏的情绪；

4. "对自己说话"投射出你真实的期待和最薄弱、最困难的部分。

练习

1. 你觉得图 2-10 中的人正在做什么动作？

_____

2. 画面中的人有什么表情？

_____

3. 画面中的人心情如何？

_____

4. 如果你可以改变画面中的人，那么你最想改变哪个部分？

_____

解读参考

请确保你完成了上述问题后再看解读。注意，以下粗略的、简要的解读仅供参考，具体情况还需具体分析。

1. "做什么动作"投射出你内心对讨好这件事的真实心理动向。比如，如果你认为图中的人正在卸下一张伪装的面具，那么你的心理动向可能是"想成为真实的自己"；如果你认为图中的人正在戴上伪装的面具，那么你的心理动向可能是"我需要面具"。

2."真实表情"投射出你内在的心理状态。

3."真实心情"投射出你内在的具体情绪感知。

4."改变的部分"投射出你对自己不满意的部分，通常也是最薄弱的部分。

安心语录

你练就了一身使人舒爽愉悦的本事，却从未体会过那是什么滋味。

你何其慷慨，可以讨好全世界；你又极其吝啬，深感自己不配。

讨好并无过，罪在将自己当祭品，去祭奠别人对你的期待。

醒来吧！你生来就有更伟大的追求，怎舍得让自己匆匆一生都从未真正"活过"。

我为什么经常有一种心里很空的感觉

你是否经常会有一种心里很空的感觉？你可能是在很努力地爱别人，但心里渴望被爱的感觉始终没能得到满足。奇怪的是，当有人终于对你表达渴望已久的爱意时，你的第一反应却是退缩、是拒绝、是想着怎么还回去。你与任何人的关系似乎都不能让你感到真正的放松，这种关系也无法自然流动起来。

你的内心总有一个声音在问："我这样会不会不太好？"哪怕你是一名"职业施爱者"，也可能会陷入因不自爱而无法与他人建立良好关系的痛苦中。

案例 2.5

我有一个学员叫小麓，她是一个新手心理疗愈师。找到我时，她就像一个丢了法杖的魔法师，再也无法照亮别人的心。在此之前，被她帮助过的人也总有负面反馈。她很不解："为什么我一心想助人离苦得乐，却落得如此下场？为什么我在有些疗愈中已经分文不收了，还会有负面反馈？为什么我的好心得不到好报？"直到我们有了以下的对话，问题的真相才得以显现。

安心：请从东真图中选一张你最喜欢的。

小麓：[低垂双眸，有气无力地在桌面上翻找着她最喜欢的图。没多久，她就在一张发着金色光芒的图（见图2-11）上停留下来，她拿起这张图并下意识地推开了其他的图，留出一块位置放下它] 这张。

安心：这张图给你什么感觉？

小麓：很温暖，是希望的感觉。

Projection of Real me No 2

图 2-11　小麓选的坤 2 号东真图

安心：你在画面中吗？

小麓：这是我的手，我手里有希望的光。

安心：如果画面动起来了，那么你觉得会发生什么？

小麓：我把这个光送给了需要它的人。对，这是我多年的事业。

安心：你这么做会得到什么呢？

小麓：不需要得到什么吧。

安心：如果不送给别人，那么你会失去什么吗？

小麓：（眨了眨眼睛）如果不送给别人……会失去什么……你把我问住了。

安心：不需要思考，只需去体会不送给别人会让你产生什么感觉。

小麓：要是不送给别人，好像我就没有价值了。

安心：没有价值会让你联想到什么？

小麓：没有价值会让我联想到没人爱。

安心：没人爱对你来说意味着什么？

小麓：意味着人生无意义。

安心：人生无意义又会怎么样？

小麓：（笑）那不如死了算了。

安心：现在请你想象，你手里的光不送给别人，而是送给自己，你有什么感觉？

小麓：（苦笑）给自己？我怎么有一种浪费了的感觉。这么好的东西，却自己留着了。

安心：现在请闭上眼睛，双手像这张东真图那样捧着那束金色的光。看着手里的光，如果你看到了，就告诉我。

小麓：我看到了，老师。

安心：很好，这是代表光明与爱、力量与无限自由的光。现在，就在你的掌心，它熠熠生辉，美极了。你能感觉到它向你的掌心传递温热的力量。请你将这束光慢慢地靠近胸口，轻轻地将它融入你的胸膛，它与你融为一体。

小麓：（整个五官都在颤抖，流下两行泪）

安心：此时你因为感觉到了什么而流泪？

小麓：虽然我知道我要爱自己，而且我之前也以为我很爱自己，但直到这束光进入胸口时我才发现，我很不安，就像是我偷用了别人的东西。我这才发现，可能我并不爱自己。在它照亮我的胸膛之前，我竟然没发现那里原来是幽暗的。（一下子坐直了，然后惊呼）所以，我是因为这个才做不了疗愈的，是吗？我之前是一直都是在透支自己去点亮别人的！怪不得每次给别人疗愈时，我都会感到很累。

安心：你想用职业技能来获得爱，但你并不自爱，所以你的心会干涸。心理疗愈师并不需要努力发光照亮他人，而是其本身就自然地散发着光芒，只要别人愿意靠近，便会被照耀到。光的重要来源之一，就是自爱。不要做一杯水，倒出一点少一点，直到枯竭；而要做一口泉眼，遇到旅途饥渴无助的人给予一碗甘露，且不会因为多给了别人几碗甘露自己就干涸了，因为它与大地联结，与万物相应。不是只有你为别人做了什么才说明你有价值，你的存在本身就是最大的价值，因为你的存在是整个世界的荣耀。身为心理疗愈师，你一生最大的疗愈作品就是自己，懂得自爱是你与世界的终极关系。

案例分析

假象： 心理疗愈师无法与来访者建立长期正向的关系。

真相： 心理疗愈师的自我价值感匮乏，与自我关系疏离。

注意，一个人最喜欢的图中可能藏着最大的局限，最讨厌的图中可能孕育着巨大的动力资源。

那些看起来很伟大的付出者（比如母亲）常常会陷入这种不自爱的漩涡中，用自我惩罚式的付出来渴求别人的感恩、证明自己的无私，同时也用它来践踏独立人格的边界。可怕的是，她们并不自知，只感觉生命在枯竭，却依然奋力并陷入自我感动与对世界的怨恨中。她们也不会自爱，因为她们早已把自爱贴上了"自私"的标签。不得不承认，这是伟大的，但也是非常局限生命的。

在这个案例中，当小麓将光放入自己胸口时，"浪费感"投射出她的配得感很低。内在的灰暗感投射出其能量枯竭，这说明她没有建立起一套属于自己的"回血系统"。小麓渴望疗愈别人，也投射出她渴望被疗愈。这种渴望会让她丢失边界感，很容易形成"你必须接受我的帮助"的信念，反而会适得其反。

所有的关系都是一面镜子，能照见我们心灵的样子。若父母溺爱孩子，不想让孩子快点长大，就能投射出父母很依赖孩子，是父母还没长大；一个人若对伴侣的期待是事事有回应，就能投射出其对自我无法负责，不相信自己的能力，事事需要别人负责。

心理疗愈师是一个特别考验自我完整水平的职业，建立能量供给系统尤为重要，需要善用加减法。

- 加法：可以从大自然中吸取纯净的、被万物生灵所爱的能量。
- 减法：从内在觉察中发现自我损耗，及时舍弃糟粕。

人只有自爱才会自信，若不自爱则必定自卑。如果你想用自信来克服自卑，那么请你立刻打消这个念头，因为自卑是不可能直接变成自信的。大部分人都会漏掉其中的一个至关重要的环节，所以再努力也收效甚微。这么做，只会带来以下两种后果。

潜意识觉醒：用图解读看不见的自己

- 你会觉得特别无力，完全自信不起来。这就像是让你建一个空中楼阁，由于没有地基，因此你会陷入虚空，有一种无力感，且毫无底气。

- 由于越自卑越容易用自负掩盖，因此你可能会形成扭曲、紧绷甚至浮夸的自信感。其实这会让你很不舒服，别人也能看出你用力过猛、刻意表现。

从自卑到自信的过程中至关重要的环节是"接纳自己本来的样子"，如果不接纳自己，就永远都不可能自信。不过，这说起来容易做起来难，以下步骤将帮助你突破自我接纳这一关。

- 第1步：把自己不能接纳的缺点用笔一一写下来，比如，胆小、没主见、不会拒绝人、不合群等，成为你的缺点清单。你会发现很难让自己勉强接受这些缺点，因为人的潜意识本能就是抗拒"我是不好的"的想法，因此大部分人会卡在这里。你需要明白，你要的是自信。自信是什么？就是自己相信自己，跟事实、条件无关，只是一种自我欣赏、肯定的感觉。如果依赖外界条件才有信心，就叫"他信"了。

- 第2步：你需要换个角度，转个念再去看你的清单。以"胆小"为例，换个角度看就是慎重。俗话说"小心使得万年船"，这样你就比较容易接纳自己是一个慎重的人了。再以"没主见"为例，换个角度后它就意味着与他人的配合度高，这样你就比较容易接纳自己是一个非常好合作、好相处还听劝的人了。

换个角度解读自己，问题就会迎刃而解。一旦你接纳真实的自己，就会变得从容。就算你达不到自信满满，从容也是一种很高级的自信。关于这个调整过程的更多内容，请参阅本书附赠的《炼心炉》。

快问快答

问：为什么从最喜欢的图中可以发现自己的问题？

答："最喜欢"中往往藏着"最不喜欢"，而"最不喜欢"往往是恐惧和问题的来源。

问：只能用这一张图来探索心理疗愈师的内心状态吗？

答：不是，任何一张东真图都可以。我只是凭借直觉为来访者选择了一些图，她又从中选了一张适合自己的图来探索。你也可以试着这样做，感觉很奇妙。

问：如何判断心理疗愈师的内在能量是否很好呢？

答：看眼神，是否有光芒；听说话，是否有底气；问问题，是否有智慧；讲感受，是否能共情；给情绪①，是否能平静。

问：如果我不是心理疗愈师，那么我可以用这张图来探索吗？

答：当然可以。

问：要想自爱，就必须先自我接纳吗？

答：你会爱一个你不接纳的人吗？只有发自内心地认可自己，才会生发出仁爱。只有对自己仁爱，才能给予他人仁爱。这个仁爱包括边界感、尊重、舍弃。

---

①是指来访者会将自己的情绪（比如，愤怒、歇斯底里、悲痛、内疚等）丢给心理疗愈师。优秀的心理疗愈师能接纳来访者的各种情绪。

潜意识觉醒：用图解读看不见的自己

安心语录

爱自己的真谛

我太爱我自己了，所以我怎么忍心让自己的内心充满着仇恨。

我太爱我自己了，所以我怎么忍心用深深的内疚来惩罚自己。

我太爱我自己了，所以我决不会让自私夺走别人给予我的爱。

我太爱我自己了，所以我会驱赶一切企图想侵蚀我的负能量，无论它们伪装成了正义、道德，还是爱。

我爱我自己，我愿我的灵魂充满仁爱和感恩。

第 3 章

原生家庭：
模式溯源，
重塑幸福
人生

原生家庭在一个人的成长中起到了"人格编程"的重要作用。不管你是否喜欢、是否接受，它对你的影响都是深远的。直到你意识到这一点并想改变它时，它便不再强悍。是的，你完全可以破除原生家庭的魔咒去成为你理想中的自己。

本章从多个角度帮助你破局，给你的人生重新"编程"。

我该如何减弱对家人的恨意

如果你对家人的恨意是有感知的，那么恭喜你，你只需要处理这个恨意就可以了；如果你压抑了恨意，无法感知它、面对它，你的身心就将付出巨大代价——抑郁、焦虑、社交障碍、失眠、肥胖、各种躯体化症状，甚至让你与他人的一切关系都变得很糟糕。

曾有一位来访者告诉我，在她六岁时，父亲将她和母亲从三楼扔了下去，导致母亲高位截瘫，她颈椎受损。自此她再也没有玩耍过，因为要照顾瘫痪的母亲、年幼的弟弟，还要做一大堆的家务。想杀害母女俩的父亲却没有得到应有的惩罚，原因既现实又无奈——如果父亲入狱，这娘仨就失去了经济来源，无法生活。无奈之下，这个家吞下了巨大的愤怒。

这个六岁小女孩因恐惧便将对父亲深深的恨意压抑到潜意识之中，长大后还为父亲与继母买了一套房子。表面一片祥和，但只有这个她自己才知道，她无法走进亲密关系，失眠、易怒、精神状态不稳定、长年患有皮肤病。在一次深度催眠中，她发现了一个奇特的意象——她的背上有一只巨大的、愤怒的黑蜘蛛，蜘蛛的脚上全是飞扬的绒毛，令她的皮肤感到奇痒无比。在给她疗愈的过程中，我先通过意象对话疗法引导她发泄愤怒，然后运用移空技术将蜘蛛送走。在那之后，她的皮肤病痊愈了。

这是一个很极端的案例，与绝大多数人在日常生活中遇到的问题相去甚远。不过，在处理常见的与家人的恨意问题时，东方真我图阵方子中有一个叫"转变受害者视角"的方子，能给人带来意想不到的效果。为什么是说"受害者"呢？因为有些恨是当事人被压抑且不自知的，有些恨是当事人自知却无力面对处理的。在这种恨意中，当事人往往处于受害者角色中。

注意，所谓"家人"，不仅包括至亲血缘，还包括非血缘又不得不相处的家人（比如婆婆）。

案例 3.1

软软是我的一名学员。在成为我的学员之前，她曾在我的直播间接受过一次疗愈。在一次培训中，她与大家分享了她的案例。

软软有一个强势又跋扈的婆婆，她与婆婆的关系已到了一想到婆婆，她就感到胸口透不过气、心跳加速、腰身以下尤其是腿的位置会感到麻的程度。软软的孩子是过敏体质，脾胃不太好。曾有医生告诉软软，不要再让婆婆用土方法给孩子调脾胃了，否则只会加重孩子的病情。婆婆非但不听医嘱，继续坚持用错误方法，导致孩子病情加重，还甩锅给软软，多次指责是因软软坐月子时不听她的话，吃多了青菜才导致孩子是过敏体质的。她甚至咒骂软软"不是人""没有资格当妈""都是你的错"。多年来，类似的事情还有不少，软软累积的委屈和恨意达到了崩溃的边缘。

疗愈第 1 步：找到真我状态

安心：跟着你的直觉，抽一张图代表你自己。

软软：（抽图，见图 3-1）

安心：这张图给你什么感觉？

图 3-1　软软抽的乾 6 号东真图

软软：我很想挣脱，不想被抓住。

安心：你觉得哪个是你？

软软：左下角，我抓着旁边的人的手，我很想让这个人救我。

安心：你觉得你抓的可能是谁的手？

软软：好像是我妈妈的。

安心：你觉得妈妈抓的这个人是谁？

软软：像我婆婆。

安心：在这张图中，你看到了什么样的自己？

软软：一个想逃、想抓住一根救命稻草、想找人帮我解决问题的自己。

我想找妈妈帮我，确切地说，其实是我已故的养母。

疗愈第 2 步：将自己代入"受害者"角色中

安心：结合"受害者"东真字，把这样的你放在受害者的角色里（见图 3-2），你感觉到了什么？

图 3-2 软软抽的乾 6 号东真图和"受害者"东真字图组

软软：循环，死拽着不放的那种。要是我把想让她帮助我的手松开，这个循环就会断开。

安心：很好。你说的"断开"意味着什么？

软软：意味着我要自己面对。

疗愈第 3 步：与自己的内在小孩对话

安心：接下来，请你抽一张人像图，代表你的内在小孩。

软软：（抽图，见图 3-3）

安心：这是怎样的你？

软软：委屈到耳朵都憋红的那种，但是眼睛里有一种倔强。

疗愈第 4 步：将自己的内在小孩代入受害者角色

安心：现在，请结合"受害者"东真字（见图 3-4），你需要拿出所有的勇气、力量和智慧去跟这个受到伤害的小孩说说话。

软软：我不想说话。

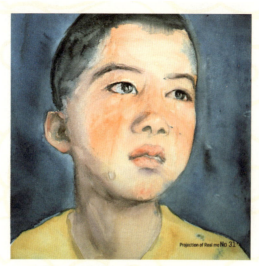

图 3-3　软软抽的 31 号儿童人像图

图 3-4　软软抽的 31 号儿童人像图和"受害者"东真字图组

潜意识觉醒：用图解读看不见的自己

安心：说了会怎么样？

软软：（无力地）不被理解。

安心：现在你所说的话是能被理解的，我会非常认真地倾听你说的每一个字，并试着尽可能地理解你。你现在已经初为人母，不像小时候那么脆弱了，可以自己处理一些曾经无法处理的事情。已经长大的你，回过头来再看着她，也就是你的内在小孩，你看着她憋得很委屈的样子，你想对她说什么？

软软：（哽咽）我想对她说，如果你不想让别人知道你想哭，就去找个地方转过身哭。

安心：你的内在小孩哭完之后，你希望她怎么做呢？

软软：我希望她能说出她的感受。她需要有力量的陪伴，有人支持她、理解她。

安心：你身边有这样的资源吗？

软软：没有。

疗愈第 5 步：找到对方的内在小孩

安心：接下来你要抽一张图，代表你婆婆的内在小孩。

软软：（抽图，见图 3-5）

安心：这张图给你什么感觉？

软软：（声音颤抖）感觉到她平时就是这个样子……表面上看是人畜无害、笑嘻嘻的那种……实际上一说话就让人很难受，话都是带刺、带刀的。老师，我的身体开始感觉到麻了……

安心：允许那个麻的感觉的存在，不要与它对抗，它是来帮你的。

疗愈第 6 步：将对方的内在小孩代入受害者角色

安心：她对别人的表达不柔和，表明她对自己也并不柔和。将这样的一个扭曲的、需要通过伤害别人来证明自己的她代入受害者角色中（见图 3-6），

图 3-5　软软抽的 12 号儿童人像图

图 3-6　软软抽的 12 号儿童人像图和"受害者"东真字图组

你有什么感觉？

软软：（委屈）我不知道，她怎么会是受害者？！我才是受害者。

安心：她的内在也一定有不为人所知的伤痛和苦楚。她这一生也为自己的言行付出过很多的代价，失去了很多的东西，是什么让她失去呢？

软软：是因为她一直想要抓住——因为她害怕失去，或者她从来没有拥有过。

安心：很好。她用负面的方式去表达需要，多么可悲的一个人。因此，她只能用戳别人刀子的方式和别人交流，可她却没有能力改变让她痛苦的现状。再看看，如果她也是受害者，那么她还会受到什么样的伤害？

软软：婆婆也在被她伤害别人的方式伤害着，她的夫妻关系很不好。

安心：你看，一个女人从来没有得到丈夫真正的爱，也没有得到儿子真正的爱，还没有得到儿媳的支持和关注，甚至连孙子们也不爱她。她通过让对方感到恐惧、痛苦的方式来证明自己的力量，让对方服从自己。

软软：对，她的微笑是在掩饰她的恐惧和无助。老师，我身体的麻感现在已经消退了。

安心：很好。满脸挂笑的人往往内心不是其脸上的样子，他们想要刻意地表现出的状态其实是一种伪装。就像一个特别自卑的人，往往会展现出反方向的自大。你想和作为受害者的婆婆说什么？

软软：（不假思索地）我不想跟她说话。

安心：你现在要做的是改变，而不是逃避。

软软：（长吁一口气，调整好状态）我好想跟她说，做人不要那么假。

安心：非常好，你想说什么都行。你不用考虑是否礼貌，可以完全打开自我约束。

软软：（略带坚定地）我适当地示弱并不代表你可以欺负我、伤害我、忽视我。哎呀，老师我一想到跟她说话，刚才已经消退的麻感突然又回来了。

安心：刚才当你看到她也是受害者的时候，你的躯体症状没有了，轻松了。当你要跟她产生对话联结时，那种麻感又出来了，是吗？你想改变这个吗？

软软：想，但我觉得好恶心。

安心：什么样的恶心？

软软：（更舒畅地）那种人前一套、人后一套的样子让我想吐，还想揍她一顿！

安心：很好，继续。

软软：恶心到好想掐死她的那种，我想对她说，你想要表现得厉害并不代表你可以去伤害别人。

安心：提醒她看看身边的人，跟她都是什么样的关系。

软软：（情感释放）你身边对你好的人全都被你伤害了！这些原本都是你可以去享受的东西都被你推开了！你要是再不清醒一些，就只会越来越糟糕，病了都没人管你！你会孤独死去，不得善终！

安心：很好，还有吗？

软软：没有了。

安心：现在感觉一下你的身体还麻吗？

软软：没那么麻了，但还有一点。

安心：你还有话没说出来，还有顾虑。这些都是储存在你心里未能获得处理的愤怒情绪，你现在一跟婆婆说话就会产生一种后退的感觉，通过语言释放这种情绪的门被关上了，现在我来帮你把这扇门打开，把你想说的话都说出来，把情绪释放出去，就像让伤口的脓水流出来那样。接下来，把她当作一个受害者，再去跟她说一些话。

软软：老师，我还是没有办法把她当成受害者——受害者是我！我记得

潜意识觉醒：用图解读看不见的自己

当时我怀着老二八个月大，我家公公脾气比较暴躁，让正在哭闹的老大马上住嘴，他还打我们、骂我们，让我带着孩子一起离开这个家，永远都不要回来。我感到很委屈，很想给我老公打电话，让他带我离开这个家——无论去什么地方都行，只要离开这里！但是，我当时想着不要让我老公夹在中间很难堪，便没这么做，于是只能含着委屈继续待在家里，想等到有更适合的时机时再离开。最后，我婆婆竟然带着我的孩子去我的养父母家里告状，说我长那么大都不懂什么礼仪，白读了那么多年的书，她居然反咬我一口！当时我想到我的养父母这么多年来养育一个跟他们一点血缘关系都没有的女儿真的很不容易，嫁到别人家受了这么多年的委屈，我一直都不想让他们知道。直到婆婆上门告恶状，他们才知道我过得一点都不好。我的养父当时 70 多岁了，还要听着婆婆骂，我气得拿着扫把把她赶了出去……（泣不成声）

安心：你的养父母为你撑腰了。你已经压抑了很久了，哭出来你会觉得舒服很多。把你的委屈都通过眼泪释放出来。我看到一个特别懂事、能吞下委屈、积极勇敢面对的你。你独自承担了这么多，辛苦你了。

软软：（流泪）当我离开那个家的时候还没出月子。我家里比较迷信，说没出月子不能回娘家，我只好开车带着孩子在我的养父母住的小区门口等着我的养母出来送饭给我吃。我的养父听到我的养母没让我进家门，还把她骂了一顿，说都到这个时候了，还要顾忌那些东西干什么。他那么大年纪了，还要为我担忧，这让我很自责。现在我的养父母已经过世了，我都没办法跟他们说一句"对不起"……我没有做到滴水之恩涌泉相报……

安心：在你的哭诉中，这些深藏在你心底的委屈和愤怒终于见了天日。软软，你值得这世界上最真挚的亲情，养父母和你超越了血缘关系，是一种更可贵的爱。你发现了吗？你并不像看起来的那么孤立无援，你是有内在资源的，只是被你对养父母的亏欠感挡住了。请允许你的养父母的资源成为你的力量。现在，你婆婆的背后是空的，人都走光了；你的背后有你的孩子们、有你的养父母、有你的丈夫。这样看来，你的婆婆还那么强大吗？请你带着你的养父母的爱和支持，再去跟婆婆说话。

软软：（平静且坚定）不强大。我想对她说，我觉得你笑得很无力，把这种笑收起来吧，它只会让你越来越无助。你真的很可怜，我本来可以成为能让你依靠的强大力量，但你现在一无所有。

安心：你很有慧根。好，现在你允许婆婆不改变吗？

软软：允许，因为选择权在我手上。

安心：很好。怎样过活、最后有什么样的收场都是她的选择，她自己需要去承担这些结果。现在，请再感觉一下你身体的麻感。

软软：它在消散了，它在我获得养父母的力量后以及对婆婆说完那些话后就慢慢地散开了。谢谢安心老师，谢谢在座的陪伴着我的每一位朋友。

安心：不客气，你真的很勇敢。

软软之后再想起婆婆时，躯体没有出现发麻的症状，与婆婆见面时也不像以前那样无所适从了。

案例分析

假象：被婆婆欺负，无法面对她。

真相：认为自己内心没有足够的力量直面恨意。

在这个案例中，软软投射出的自己是一个"想找人帮我解决这个问题"的人，这象征着她没有勇气和力量去面对处理这个问题，所以之后才会有两次"我不想说"。只要来访者可以说，就代表着其开始面对了。软软的内在小孩是"委屈到耳朵都憋红的那种"。对家人的恨，大多数人也都会采取憋的方法暂存。但憋不会让恨消失，恨只会通过积累与发酵产生更多的问题。软软无法面对处理这个恨，重要原因之一就是内在资源不足。所以在疗愈中将养父母的资源重启引入后，躯体麻木的症状与内在力量都有改善。软软的躯体化在疗愈过程中起到了非常重要的象征作用，它像一个指标，直观测量疗愈的效果、发现重点。

疗愈方法及操作步骤

本案例用的是"转变'受害者'视角"图阵方子（见图 3-7），可以调整关系中受伤者心态，平衡心理位置、重建心理关系。同类型的图阵方子还有"安心的空椅子法""生命事件的内在重建"等。转变受害者视角的难点在于，将对方的内在小孩代入"受害者"视角中，这也是成功调整的要义，即通过看到对方的弱来平衡心理失衡感。

转变"受害者"视角（解读受害者其他维度视角,换位体会获得更多共情,重建关系）

①将东真字"受害者"取出归位；
②抽东真人像或东真图代表自己；
③将②移动至①东真字中，形成图组并解读，对话自我；
④抽东真图，代表自己的内在小孩，并解读；
⑤将④移动至①解读，并对话自己的内在小孩；
⑥抽东真图，代表对方的内在小孩并解读；
⑦将⑥的东真图移动至①解读，并与对方的内在小孩对话。

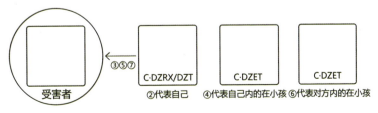

图 3-7 "转变'受害者'视角"图阵方子

处理恨意最重要的环节就是坦诚地面对恨，只有面对才能处理，只有处理才会转化，只有转化才有机会升华。

快问快答

问：这个方法可以自己使用吗？

答：当然可以，你只需按照上述步骤操作就可以了。不过，需要注意的是，要完全打开思维的局限。有些人因抽到的图与自己长得不像就觉得"没抽对"，需要重抽一张"对的"。这是完全错误的，任何一图都是可以解读的。不要让画面中的客观表相限制了其精神层面的信息。重点在于，要接受图向你传达出来的感觉，它一定是来帮你的，你需要相信这一点。

问：只要我觉得自己在某段关系中受伤了，就可以用这个图阵方子吗？

答：只要你觉得你不想在这段关系中继续受伤了，并希望转变受害者的心理位置，就可以用这个图阵方子。

问：可以选图吗？我看到有一张图特别像对方的样子，很有带入感。

答：当然可以。

问：如果我承认对方是受害者，那我就不能是受害者了吗？

答：这个图阵方子并不是像法官那样来判定谁对谁错，而是通过让你看到对方的弱小，打开对事件的另一个维度，从而激发出新的视角与智慧，重新看待自己在这段关系中的心理位置。它是帮你获得力量的，而不是否定你的。如果你抓着"我才是受害者"的角色不放，就注定摆

潜意识觉醒 ：用图解读看不见的自己

脱不了这个角色。

问：我的母亲为我付出了很多，可是我就是恨她，我为这种恨感到很自责，怎么办？

答：任何关系中都不可能只有爱没有恨。要想不恨，就只有承认这种恨，甚至把这种恨发泄出来。在恨得到承认和发泄后，才会削弱和转化，最终升华。需要注意的是，表达恨意不一定非要面对当事人去做不可，也可以对着别人或别的事物（比如，向心理咨询师倾诉、写日记、在无人之处大喊）去表达。

安心语录

家，是一座桥；恨，是桥上的裂缝。

家人的错或是你的痛都是生命的一部分，不必遗忘。

带着恨奔跑吧，直到你觉得累了，想要更广阔、自由的人生，便可选择放下一些。

当你像鸟儿一样轻盈自由时，恨便不再能束缚你。

当你直面恨意时，它便不再与你如影随形。

我该如何改变错位的家庭序位关系

"只要我听话、只要我替父母分担、只要我成绩好、只要我努力干活、只要我劝好父母、只要我争气、只要我阻挡住那个坏人来破坏我们家……这个家就还在。"

有多少孩子怀揣着这样的信念，守护着将他们视若珍宝的家。

案例 3.2

我曾疗愈过一个叱咤风云的女孩，叫凤杰。你可能想不通，为什么一个拥有天使容颜、公务员、家里在一线城市有五套房和三辆超过百万的车、一生财富不愁的女孩，却身在天堂、心在烈狱。对普通人来说，她绝对算是"人生大赢家"。可她每天都和焦虑抗争，甚至多次想自杀，却因为放不下家的重任而没有付诸行动。

来咨询时，凤杰显得非常有力量，言语间总带着一股侠气。直到潜意识呈现时，她才表现出不为人知的另一面。

凤杰：我最近焦虑得厉害，已经无法好好睡觉了。尤其是关于我的工作，我想再升一级，但我的领导好像并不是很喜欢我，让我感觉自己得不到重用。我每天晚上下班回家后都会给自己安排学习任务，只要一天没学，我就会很自责。此外，我的拖延也很严重，这让我感觉好累。

安心：你只是因为领导不太喜欢你而感到焦虑吗？

凤杰：（皱眉，摇头）就算没有这件事，我也很焦虑——我从小到大都处于焦虑中。

安心：你觉得这可能是因为什么呢？

凤杰：（疑惑）我也不知道。

安心：没关系，过一会儿我们就能知道了。这里有一些东真图，我需要你一张一张地去看它们。看的时候，尽可能用感觉去和图建立联结。你可能会觉得其中有几张图触动了你，把它们找出来，尤其是让你感到焦虑的图。

疗愈第 1 步：带潜意识真我完成"时光穿梭"

通过让来访者逐张看图产生联结，让它们与其潜意识真我中的焦虑感共

潜
意
识
觉
醒
：
用
图
解
读
看
不
见
的
自
己

078

振，可以帮来访者将过往形成的焦虑感筛选出来。

凤杰：（选图，见图3-8）

疗愈第2步：筛选出最有联结感的过往事件，逐一解读

安心：你选出了这六张图，它们最让你有触动感，我们逐一来看。第一张图让你产生什么感受？让你想起了什么人、事、物？

凤杰：这张图让我感觉很害怕，怕其中的某个人撒手，还怕有人来破坏他们。这些手就像我的家人，穿黄衣服的那个人像我妈妈，她想撒手，让我感到害怕。

安心：妈妈撒手象征着什么呢？

图3-8　凤杰选的六张图

图1~6分别是，乾6号东真图、乾36号东真图、坤15号东真图、乾8号东真图、28号成人人像图、6号儿童人像图。

凤杰：因为我妈妈比较优秀，家里的钱基本都是她挣的。可是，我爷爷受不了我妈妈优秀又强势，就一直逼我爸爸和她离婚。可我爸爸很爱我妈妈，没听爷爷的。不过，我爸爸太懦弱了，又觉得自己很对不起老人家。两边不作为，导致什么事他都选择逃避，有什么需要沟通的就让我去和爷爷说。

安心：请你用 0~10 分给这个焦虑感打个分数，你会打几分？

凤杰：6.5 分吧。

安心：第二张图给你什么感觉？让你想起了什么人、事、物？

凤杰：（长长地吐气）看到这张，我心里真的一颤……恐慌、愤怒、如临大敌。这个场景就像是我小时候，有一次我爷爷把我们家族的人都招到他家院子里，要跟我爸爸谈。我爸爸则又躲起来，竟然让我去。我当年只有 10 岁啊，居然壮着胆子真的去了！我当时特别牛，竟然在这些人面前说我爸妈是不会离婚的，让他们死心。我也不知道当时是从哪儿来的力量，我的脑子很懵。我只记得自己当时下定决心，一定要保护好我的家。

安心：这么多年来，你一直在保护这个家，真是辛苦你了。

凤杰：（强忍着情绪，轻轻地点了点头，沉默）

安心：请你用 0~10 分给这张图打分，你会打几分？

凤杰：7 分吧。

安心：第三张图给你什么感觉？让你想起了什么人、事、物？

凤杰：（语气铿锵有力）这帮人就是我们家族里的那些人，你看他们七嘴八舌的样子，还嫌弃我是个女孩子！哼！那又怎样？！我现在比这些人家的孩子都争气！气死你们！（说完，把图拍在桌面上，恨不得连图里的人一起拍）

安心：这张图给你什么感觉？

凤杰：委屈、愤怒、恐惧。

安心：很好，给这个感觉的强烈程度打个分数。

潜意识觉醒：用图解读看不见的自己

凤杰：7.5分。

安心：第四张图给你什么感觉？让你想起什么事？

凤杰：（冷笑）死亡，就觉得死了也挺好的，至少不用那么累了。

安心：是什么让你累？

凤杰：（从战斗状态秒变厌世）是努力让我累吧，可我又很想努力。

安心：不努力会怎么样？

凤杰：从客观上讲，不会怎么样。我妈妈也说，让我做自己喜欢的事就好。可我一直不敢让自己放松，就好像一旦放松我就会死掉一样。

安心：放松的后果与这六张图中的哪一张有联结？

凤杰：（迅速指向第一张）嗯，你这么一问，我就知道原因了——我是在保护这个家，保证不会有人撒手。

安心：这么多年来你一直像个孤军奋战的战士，辛苦了。你用小小的肩膀默默地努力扛起了这么重的责任，可能还不被人理解，甚至没有人知道你付出了什么。

凤杰：（双手掩面，无声地哭泣）

安心：（稍做停顿）这张死亡的图，你打几分？

凤杰：7.5分。

安心：你现在还无法卸下这个重担，是因为还存在着破坏你家庭的威胁吗？

凤杰：（边擦眼泪边说）不在了，因为我爷爷过世了。第五张图中的人很像我爷爷，他就是这样，表面看笑眯眯的，其实一肚子坏水！我最恨的就是他！不过，我感觉那个威胁并没有因为爷爷的离世而消失。

安心：即使制造威胁的人已经去世了，也没能改变你应对威胁产生的"战斗模式"，对吗？

凤杰：好像是这样的。

疗愈第 3 步：找到问题根源，深入疗愈

安心：好，现在请闭上眼睛。我们把潜意识里的预警关掉，让你能够放松下来。

凤杰：（调整好姿势，通过10分钟的渐进式放松与深化，彻底安静了下来）

安心：现在，你会看到你爷爷，他可能出现在任何地方。当我数到"三"时，你就会看到他出现在你的眼前。一、二、三，你看见他了，那个熟悉又陌生的人。他穿着什么衣服？有什么表情？在什么地方？

凤杰：他在他自己的家里，穿着蓝黑色的衣服。他的双手背在身后，笑眯眯地看着我。

安心：很好，跟爷爷说说，他的行为给你造成了什么伤害。

凤杰：（噘着嘴，倔强得像个小学生）我不想跟他说话！

安心：我能理解你的心情。不过，如果你想解决你的问题，就需要有一些新的突破。

凤杰：（纠结片刻）你为什么要拆散我们家？我们家好好的，你凭什么这么做？你有好几个儿子，谁让你不顺心你就折腾谁，你怎么能这么自私？！你让全家人都孤立我妈妈，她受了那么多委屈，都是因为你！我一直很害怕她不要我爸爸了。我最恨的人就是你，你死了才好！

安心：你做得非常好，告诉爷爷，他已经过世了。带他去安息的地方，看他入土为安。

凤杰：好，我们到他坟前了。我让爷爷进去，他不去。他就站在那里，还是笑眯眯的。

安心：告诉爷爷，他已经不在这个世界上了，他已经无法左右人世间的事了，让爷爷去他应该去的地方安息。

 潜意识觉醒：用图解读看不见的自己

凤杰：我感觉他不想走。

安心：好，我会数三个数，当我数到"三"的时候，你转身会看到小时候的自己。一，你会看到小时候的自己；二，她是来帮助你的；三，转身看到她。告诉我，她是什么样子的？有什么样的表情？

凤杰：她就是最后一张图的样子，在哭。

安心：非常好，你可以蹲下来轻轻抱起她，跟她说一些话。比如，可以说，"宝贝，你可以放松了。宝贝，没有人能拆散你的家了，最大的威胁已经不在了。宝贝，你真的好勇敢。现在你安全了，这个家也安全了。爸爸、妈妈，我们一家人永远在一起，很安稳。你也可以放松了，可以做回小孩了，不用再装成大人的样子了"。

凤杰：（几乎是哽咽着复述完上面的话。她抿着嘴，瞬间回到了几岁孩子的委屈状态）

安心：现在，你怀里的小孩是什么表情？

凤杰：她不哭了，安静下来了。

安心：用你的爱抱着她。然后，跟爷爷说，你原谅他了。

凤杰：（毫不犹豫地）不！我能不原谅他吗？

安心：当然可以，那就不原谅。感觉一下此刻你看着爷爷，你的心情发生了什么变化？

凤杰：（平静地）没那么恨了。

安心：很好，告诉爷爷，你没那么恨他了，你允许爷爷离开，可以解除威胁了。愿他早日安息。

凤杰：（抿着嘴）我不原谅你，但我也没那么恨你了。你可以走了，把我所有的焦虑都带走，我想好好地、轻松地活着，愿你安息。

安心：好，看着他离开。在他离开后，你会感到非常安全和放松，一切都结束了。

凤杰：我看到，墓碑像一扇门那样打开了，门里面有一条很深的楼梯，爷爷走进去了。

安心：这条楼梯无限深，你深深地感觉到自己与爷爷之间的距离。现在，他下到50米深了……100米深……300米深……600米深……1000米深……10 000米深……还能感觉到他吗？

凤杰：（面容祥和）感觉不到了，他消失了。我感到从没有过的轻松，真的好轻松啊……

自那次疗愈后，凤杰对自己的要求不那么苛刻了。她允许自己下班回家后看电视剧，不再带着强烈的不安全感逼迫自己。内心那个巨大的警报器终于关掉了，能量恢复正常后她的拖延症也好了很多。她很欣喜地和我说，觉得自己活过来了，还交了男朋友。

案例分析

假象：因对自己要求高而变得拖延。

真相：为家庭充当多年的守护神而身心俱疲。

有很多在不幸福的家庭中成长起来的孩子特别容化身为"拯救者"。他们不惜搭上自己的一生，只为守护家庭的周全。他们背负着父母的人生责任，成了"父母的父母"。然而，这对"父母"永远不会被"孩子"养大；"孩子"也可能一生都做不回"孩子"，在缺爱的渴求中受苦。

在卡普曼三角形（见图3-9）中，来访者从"受害者"转变为"拯救者"来抵抗爷爷这个"迫害者"。有趣的是，每个人的角度不同，可能在爷爷眼里，自己是拯救者，儿媳妇是迫害者、儿子是受害者。重要的在于，要为自己的

潜意识觉醒：用图解读看不见的自己

图 3-9　卡普曼三角形

人生负责而不是为别人的人生负责，哪怕对方是父母。

　　当年那个幼小的你可能没得选择，但此刻已长大的你若还在为父母的人生负责，是他们关系的裁判员、调和员、负责人，就意味着你还没有拥有自己的人生，未能获得精神独立。你的自我价值感会被限制在维护家庭和谐上，并为此消耗殆尽，何谈海阔凭鱼跃、天高任鸟飞？既委屈了自己，又无法成全别人。

　　如何改变这种错位的家庭序位关系？可以从以下几点来着手。

- 做选择——是成为自己，还是为原生家庭奉献一生？

- 明白父母的关系不再影响你的生存。拿出勇气，抛开不属于你的枷锁。
  明白你除了自己，拯救不了任何人（包括父母）。

- 把父母的角色交还给他们去扮演，无论他们扮演得如何，都由他们自己负责；同时，你要为自己负责。你既要允许他们在挫折中成长，也要允许自己成为他们的孩子。

- 不再去渴求父母的喜爱，接受他们的认知与爱的能力是有限的甚至是贫瘠的。

- 相信你的心永远是可以去选择的，永远是自由的。如果你觉得不自由，就要允许自己自由。

- 飞吧，你生来无畏羁绊。

疗愈方法及操作步骤

本案例用到了"时空穿越机"图阵方子（见图 3-10）。我在凤杰的案例中使用的图阵方子与以下图阵方子的步骤略有不同，因为心理疗愈师在实际应用中需要随机应变、灵活运用。你可以参考这个图阵方子的步骤，因为它为你提供了基本的疗愈框架，能帮助你获得不错的效果。

时空穿越机（看见自己在未来呈现的美好状态，并与其对话）

①抽东真图，解读图中未来的自己的某个美好部分，比如，生活、学习、工作、感情、心境、身体、爱好、感悟、关系等；

②你能看到哪个时间段的自己？你能听见什么？有什么感受？如果那个时间段的自己开口与你分享，那么会对你说什么？这会给你带来什么启示？

③闭上眼睛去完善这个场景，想象你看到了周围的一切，去体会那个幸福的自己，拥抱自己；

④可重复多张。

C·DZT/DZRX

图 3-10 "时空穿越机"图阵方子

快问快答

问：只能选出六张图吗？

答：不是，可以选出 10 张左右的图。不过，如果来访者对有些图的感觉不是非常强烈或感觉相似，就可以精选出几张最有感觉的。同时，也要考虑咨询时间的长短。在大多数情况下是选 4~8 张图，并在一小时内完成探索，但也要视实际情况而定。

问：为什么来访者不想让爷爷走？

答：来访者小时候的自我价值感被局限在保护家庭上，如果爷爷的威胁不在了，就意味着来访者的价值感也荡然无存。因此，这也是来访者不想让爷爷走的原因之一。

问：为什么来访者在看见了自己的内在小孩后，爷爷就可以被送走了呢？

答：不是爷爷不走，而是来访者不让爷爷走。因为来访者小时候形成的巨大危险感让她形成了战斗模式，因此从内在小孩入手能更好地帮助她解除战斗模式。

问：把爷爷送走那段是催眠吗？

答：是的，也是让来访者与其潜意识深层沟通的疗法，经常与东真图配合使用，疗愈效果立竿见影。

问：最后的从 100 米下降到 10 000 米的过程起到了什么作用？

答：这是融合了移空技术中的一部分，将爷爷作为意象，从心理距离上将他这个客体送走，也是在心灵层面将问题送走。

安心语录

你是家庭的太阳，挑起了沉重的希望。

你是父母的依靠，却忘了自己也是个需要被守护的孩子。

你的故事怎么能只有"牺牲"与"付出"呢？

走吧，只要多一点勇气，

去体验什么叫自由，去享受什么叫放松，

去创造多彩的价值，去成为自己的守护者。

这样也可以让你不惧怕死亡，因为你为自己活过！

潜意识觉醒：用图解读看不见的自己

我该如何停止与家人因价值观不一致而引发的争吵

这个问题可能需要到达一定的智慧阶段才能迎刃而解。因为只有到达一定的智慧阶段才能领悟到，家人之间是需要一些"情感切割"的。我们表达亲近时，从"美女帅哥"到"亲爱的"，再到"家人们"，硬是从外人叫成了亲人，可见"家人"是最热情的代名词。热情中包含了很大的喜爱成分，人的本能就是希望同化自己所爱的一切。因此，那些天生就同频的人会快速成为挚友或恋人。然而，越是亲人就越有想同化彼此的渴望，这就引发了矛盾。

如何反其道而行之，与家人实现情感切割呢？说起来这和谈恋爱差不多，就像歌中唱的那样——"有一种爱叫放手""很爱很爱你，所以愿意不牵绊你"。即使一家人长得很像，也不一定是同一个"物种"。比如，有的人的思想像一只鸟，不愿意被牵绊，天高任鸟飞；有的人的思想则像是一只乌龟，缓慢谨慎，小心驶得万年船。

接下来，让我们用类似游戏的方法来了解彼此的区别，需要全家参与。我将以一个案例的形式来描述这个过程。

案例 3.3

疗愈第 1 步：选或抽 9~12 张东真字

一个三口之家选了以下九张东真字（见图 3-11）。

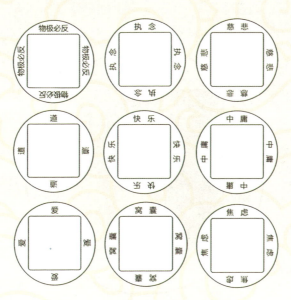

图 3-11 一个三口之家选的九张东真字

疗愈第 2 步：每位参与者抽一张东真图，解读后将这张图放在自己认为最合适的东真字中，并解释为什么放在这里是最合适的，以及自己是如何理解这个图组的

妈妈：[抽图后放在"慈悲"东真字上（见图 3-12）] 我不想打扰别人，也不想给别人添麻烦，只是在一旁偷偷看着就挺好的。不打扰是一种慈悲。

女儿：（立刻回应）所以你经常是有话却憋在心里，还觉得自己在做好事，对吗？

妈妈：（笑）是，有这个意思。

女儿：我一直以为你不说什么是因为生气了呢！[拿过妈妈选的东真图，然后横过来，放在"快乐"东真字上（见图 3-13）] 看，我在睡觉，我很快乐！哈哈！

妈妈：就知道睡觉。这图还能这样看啊，还是小孩子有想象力，我就想不到。

图 3-12　妈妈选的坤 65 号东真图和"慈悲"东真字图组

图 3-13　女儿将妈妈选的坤 65 号东真图横放在"快乐"东真字上

爸爸：[也拿过妈妈选的图，放在"窝囊"东真字上（见图 3-14）] 感觉这个人很窝囊，想说什么就说嘛，躲起来干什么？看着就让人生气。

图 3-14　爸爸将妈妈选的坤 65 号东真图放在"窝囊"东真字上

女儿：（笑）爸，你看这张图上的人像不像我妈？你总猜不到我妈为什么不高兴，也不知道她在想什么，问她又不说，然后你就被气得半死，哈哈哈哈哈！

爸爸：（笑）你妈那是在对我使劲慈悲呢！

疗愈第3步：重复前两步，可以多抽几张，还可以换一些字

案例分析

我们从案例中可见，妈妈的模式是自我感动式的，且对自我价值不自信。她对爱的理解有很高的标准，希望很多事情都能不言而喻；她多愁善感，而且很要强。爸爸的模式则是有什么说什么、直言不讳，而且情感没那么细腻，并希望妈妈也是这种人。女儿是一个富有创造力、自洽且快乐的人。三个人有三种价值观，只要不违法、不违背道德，就没有对错、高低、贵贱之分。重要的是，他们需要知晓自己与别人在灵魂层面上并不是"同一个物种"，并允许自己放弃一些"渴望对方懂、渴望对方做你认为正确的事"的想法。任何人都是一个独立的个体，亲近只能让人与他人彼此靠近，但不能同化对方。理解这一点后，就不会再纠结了。

疗愈方法及操作步骤

本案例用到了"不同视角"图阵方子（见图3-15），能帮助人们理解自己和他人对世界有不同的感知，活跃气氛，增进双方的关系。参与者抽的图代表一个客观事物，每个人放的位置不同代表自己对客观事物的不同感知和理解。以游戏这种轻松的方式规避剑拔弩张的部分，并为参与者建立一个表达真我的平台。在任何团体中使用这个方法都能产生非常有趣的效果，尤其是在有带领者的条件下，不仅轻松有趣，还能让参与者看到彼此深层且未尽的表达。注意，这个方法并不能让人更爱自己和他人，只能有助于理解彼此的不同。

不同视角（帮助人们理解自己和他人对世界有不同的感知，活跃气氛，增进双方的关系）

①将东真字按照图阵归位摆好；
②由带头人抽图解读，并将其放在自己认为最为匹配的东真字上，并解释原因；
③将此东真图交由其他参与者，放在自己认为最为匹配的东真字上，并解释原因；
④重复步骤②和③。

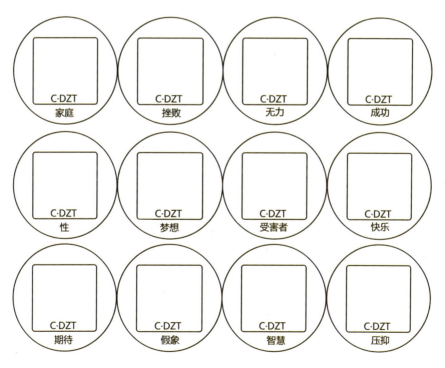

图 3-15 "不同视角"图阵方子

快问快答

问：我看到案例中用的东真字和图阵方子里的不一样，为什么呢？

答：这些字其实是可以根据自己的需要摆放一些的，要点在于有丰富的维度。

问：要是我觉得哪个字都不贴合我抽的图怎么办？

答：那你可以说一个你觉得贴合的词，并表达为什么。

问：这个游戏合适多少个人参与？

答：2~10 人。

问：要抽多少张图可以达到良好的沟通作用？

答：至少三张，上不封顶。

问：如果在玩的过程中，有人反对或来纠正我的想法怎么办？

答：在玩之前就要说明这个游戏的目的，可以参考第 1 章介绍的参与者共识。

安心语录

正是因为你和我不一样，这个世界才显得如此有趣。

当我可以爱惜守己见的他人时，就意味着我已生出容纳天地万物的智慧——允许他人用不同于自己的方式度过一生。这种允许看似一种冷漠，而这种冷漠何尝不是一种慈悲？

潜意识觉醒：用图解读看不见的自己

我该如何在遭受重创后重建心灵家园

有些事情过不去，就会让人产生一种"我这辈子就毁在这件事上"的错觉。像在人生画卷上被拍死了一只蚊子，摧毁了一些事物，也留下了蚊子的尸体印记。虽然这印记可能并没有多大，但吸引了你全部的注意力，让你驻足于此，久久无法释怀。其实你清楚得很，事情已经过去了，只是心中的这道坎还没过去。如果你觉得自己还没驻足够，就继续停在这里一阵子。直到有一天你看够了疮痍、厌烦了自虐，再来用这个方法让自己走出来。

案例 3.4

乐怡是我的一名来访者，40 岁的她一直被 22 年前遭受过的创伤践踏着。18 岁那年夏天，在同学家玩到很晚的乐怡独自走夜路回家。一向大胆的她从不怕走夜路，但那一夜改变了一切——她被堵在她回家路上的堂兄强奸了。自那天起，黑暗便笼罩着她，直到她向命运宣战。

疗愈第 1 步：选一张图代表要处理的事情

乐怡：（选图，见图 3-16）

疗愈第 2 步：抽一张图代表这件事中的失去

乐怡：（抽图，见图 3-17；叹气）上面的月亮是美好的、完整的自己；下面的月亮是破碎的、丑陋的自己。我失去了完整的自己。

疗愈第 3 步：抽一张图代表这件事中的痛楚

乐怡：（抽图，见图 3-18）为什么是我？为什么那个畜生是大我两岁的堂兄？那条路我从小走到大，再熟悉不过了，为什么会发生这种事？为什么我不能像其他女生一样平安长大？为什么？！

图 3-16 乐怡选的乾 61 号东真图

潜意识觉醒：用图解读看不见的自己

图 3-17 乐怡抽的乾 48 号东真图

图 3-18 乐怡抽的乾 15 号东真图

疗愈第 4 步：抽一张图，代表这件事中的逃避

乐怡：（抽图，见图 3-19）这张图很贴切——我离了家乡，甚至离开了当年所有的朋友、同学。我再也没有走过那条路，就算过年回家时我也决不会走。不过，不管我逃到哪里都没用。

疗愈第 5 步：抽一张图代表这件事中的顺应

乐怡：（抽图，见图 3-20）是天命吗？我的第一直觉就是命该如此。

安心：顺应天命给你什么感觉？

乐怡：无力反抗的感觉。

安心：你能接受这个天命的剧本，接受已经发生的事实吗？

乐怡：我想它是来提醒我要接受的吧，人是那么地渺小。

疗愈第 6 步：抽一张图代表这件事中的放开

乐怡：（抽图，见图 3-21）她俩在议论我，说我脏……（流泪）

安心：这张图是来告诉你放开什么呢？

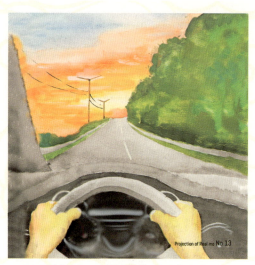

图 3-19　乐怡抽的乾 13 号东真图

图 3-20　乐怡抽的坤 50 号东真图

图 3-21 乐怡抽的坤 52 号东真图

乐怡：（调整片刻，重新投入）这件事没人知道，我只是害怕别人这样说我。

安心：你一直担心的事并没发生也不可能发生，对吗？

乐怡：对，这张图是来告诉我放开这些自我折磨的想法。

疗愈第 7 步：抽一张图代表这件事中的获得

乐怡：（抽图，见图 3-22）我觉得我挺能扛事的，我没和任何人说过这件事，甚至我的家里人也没发现我的异常。

安心：能独自扛事的你，通过这件事获得了什么能力呢？

乐怡：独自面对的勇敢吧，风雨后终会见彩虹，这也是我一直期待的。

疗愈第 8 步：抽一张图代表这件事中的释怀

乐怡：（抽图，见图 3-23）我心里一直在鸣冤，为什么是我？我是做错了什么，要受到这样的惩罚？我恨我的怯懦——我没有报警，让罪犯逍遥法外。

安心：对于你来说，画面中的那把钥匙像什么？

图 3-22　乐怡抽的乾 16 号东真图

图 3-23　乐怡抽的乾 27 号东真图

乐怡：我想向命运要个公道，可我知道这不存在。

安心：所以，这张图是来告诉你要释怀什么呢？

乐怡：这世上哪有什么公道，不只是对我，对所有人都一样。

疗愈第 9 步：抽一张图代表这件事中的慈悲

乐怡：（抽图，见图 3-24；强忍着情绪）我在很用力地拉自己，我想让自己不再黑暗。你看旁边是彩色的世界。

安心：你想对灰色的自己说些什么，以表达你的慈悲？

乐怡：（流泪，哽咽）我想说，你没做错什么……那不是你的错……不要这样惩罚自己了……你没脏，脏的是那个犯罪的畜生。

疗愈第 10 步：抽一张图代表这件事中的期待

乐怡：（抽图，见图 3-25）这张图很符合我现在的心情，我心中升起一股力量，要突破什么，像图中的样子。突破后会有金色的光照进来，就好像

图 3-24 乐怡抽的乾 7 号东真图

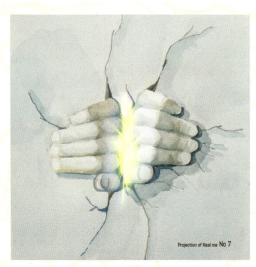

图 3-25　乐怡抽的坤 7 号东真图

照在上一张图中的那个灰色的人心里，这样她就可以站起来了——这也是我的期待。

疗愈第 11 步：抽一张图代表这件事中的反省

乐怡：（抽图，见图 3-26）当年我年纪小，哪知道世间险恶。我应该勇敢地站出来报警抓人，如果换作现在，我就一定会这么做，可惜当年太害怕了。这张图给我的反省是，不要太软弱了。

疗愈第 12 步：抽一张图代表这件事中的智慧

乐怡：（抽图，见图 3-27；流泪，但与前两次不同）我一下子想到了前面抽到的那张有月亮的图。现在我看到这张图，我觉得它是在告诉我，其实我还是我，我没变，我本来就是太阳！我可以发光一扫阴霾，我可以的！我好喜欢这张图，我都能感觉到从图中散发的温度，暖暖的，很舒服。对，那个破碎的我已经过去了，我现在就是这个太阳！

图 3-26　乐怡抽的乾 19 号东真图

图 3-27　乐怡抽的坤 44 号东真图

案例分析

　　乐怡的心理纠葛在于不愿意面对事实的发生。多次用"凭什么""为什么是我""我做错了什么"等语句表达内心的愤怒与不甘。在创伤中，当事人无法正视事实时，也就意味着无法真正处理它。所以我们以失去、痛楚、逃避这几个方向来正视事件中受伤的自己。在第5步中提到了"顺应天命"，这是她转念的起始点。在成功启动"臣服"这一巨大的心理能量后，接下来的疗愈会更顺利。"放开"是信念解绑的过程。乐怡投射别人对自己脏的评价其实来自她自己。解绑这一信念后进入获得视角，以反向立足点来全面看待事件，重塑得失感。接下来的"释怀"是再次松绑信念的过程，乐怡不再追求所谓人生剧本的公道，而是更深层地放下执着，这也是更深入地面对问题。"慈悲"是在卸下向外的沉重包袱后把注意力交给向内的自己，乐怡得到了"我没错"的自我支持。乐怡在"期待"中看到了突破后的金色光照进心里，是对自己心力与未来的投射。在实现它的过程中，"反省"起到了勇敢承担的强化作用，生发出自我负责、不能太软弱的内在力量。最后的"智慧"是尝试从更高维度来反观事件中的收获，以获得再次提升心力、重识自我的效果。

疗愈方法及操作步骤

　　本案例用到了"生命事件的内在重建"图阵方子（见图3-28），旨在让来访者换一个维度去重新审视过往事件、开启转念智慧、化解伤痛，对长时间过不去的心结尤为有效。需要注意的是，这个方子只能用于想要改变现状、摆脱痛苦的案例。咨询师需要甄别有的来访者是不是只是口头上说要改变，

潜意识觉醒：用图解读看不见的自己

但其实心里根本不想改变。这样的人是一种自怜型人格，他们内心有这样的信念："如果我原谅了你，就意味着你被我释放了。我必须用恨来惩罚你，我必须证明我受伤了。"这类人虽然表现得也很痛苦，但这个图阵方子对他们起不到什么作用。接下来，我来讲解这个图阵方子的结构。

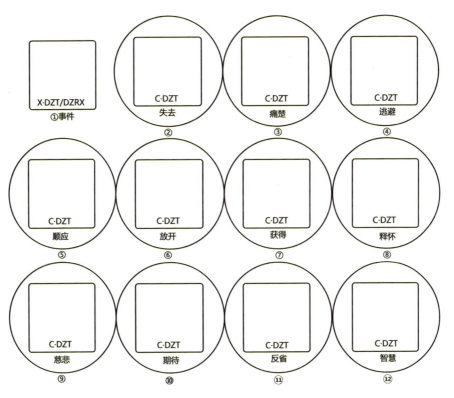

生命事件的内在重建 (换一个维度去重新审视过往事件，开启转念智慧，化解伤痛)

①选一张图，代表想要处理的事件；
②选出以下东真字并归位；
③抽一张东真图放在第一张东真字上，解读事件中失去的部分，以此类推，完成所有东真字。

图 3-28 "生命事件的内在重建"图阵方子

快问快答

问：为什么案例中没有用到东真字，但是图阵方子用到了东真字？

答：因为在案例中，我用语言代替东真字引导着来访者进行了潜意识的探索，但在个人使用中，如果不借助东真字的引导可能会影响使用效果。

问：这个顺序可以打乱吗？

答：不可以，这是设计好的心路历程，环环相扣，需要按照图阵方子上的顺序进行。

问：有些图我不知道是什么意思，如果我抽到了一张特别不喜欢的图该怎么理解呢？

答：我们可以从多个角度去理解图的意思，不要被惯性思维绑架，以为对于负面的图只能有负面的解释，其实也可以从避免图中的负面的角度来解释。

安心语录

宽恕别人并不代表懦弱无能；相反，真正的宽恕来自勇气与智慧。

你只是明白了一件事，昨天的雨淋不到今天的你。

宽恕昨天遭遇淋雨的自己，宽恕自己无力对抗命运的碾压。

你只是选择了用自我宽恕的方式，让自己更有力地前行。

潜意识觉醒：用图解读看不见的自己

第 4 章

恋人剧本：
亲密关系
是完整自
我的起点

我们只有在爱中才会幸福，也只有在爱中才会如此痛苦。我们在爱中被养大，也会在爱中一夜长大。人际关系最高的吸引形式就是爱情，这个诱人而危险的游戏中藏着荆棘与宝石。当伪装成宝石的荆棘刺向你时，会留下一道看不见的疤痕。恭喜你，这是勇者的勋章，也是心灵财富的支票。亲密关系是个放大器，能将人格特征、行为模式、依恋关系等展露无遗。与爱人的关系是自我完整、长大蜕变最好的"修道场"。

本章将从 PUA、处理前任关系、调和伴侣关系、婚姻选择等方面帮助你看清关系本质，找回关系中的自己。

我该如何摆脱恋人对我的 PUA

PUA，全称"Pick-up Artist"，原意为"搭讪艺术家"，目前多指在一段关系中一方通过言语及精神打压、行为否定等方式对另一方进行情感控制。PUA 的关系中充斥着欺凌、洗脑、冷暴力、肢体暴力等。在我国的司法实践中，PUA 涉嫌的刑事犯罪罪名主要包括诈骗罪、强奸罪、传授犯罪方法罪、传播淫秽物品罪等。

PUA 并不是情感的"法外之地"！你要警惕一些披着人皮的恶魔，他们假爱之名践踏你的灵魂和肉体，让你沦为他们精神享乐的"祭品"。为了避免被 PUA，你要改掉你的一些"优点"。对！是优点——不是优点不好，而是它还不够完善，会被居心叵测的人利用，这样你的优点就变成了你致命的弱点。

越是善良、单纯、缺爱且自我不完整的人，越容易被 PUA。恶魔们极具迷惑性，会让你忘了对另一半真实的需求，让你丢掉尊严甚至性命。

案例 4.1

殊瑶是我的一位来访者，她在爱情中非常痛苦且常常会内归因。她来找我，本是想看看自己该如何调整才能与男朋友契合，让自己不用这么痛苦，没想到经过一番探索后，竟出了一身冷汗。

疗愈第 1 步：放松身心，调动直觉力，弱化头脑思维

安心：（引领殊瑶从头到脚地做肌肉放松练习，把注意力从外界收回并放在感知自己的身体上，开启直觉力。具体内容省略）

疗愈第 2 步：抽八张图，分别用一个形容词说出自己眼中的另一半是什么样的人

殊瑶：（抽图，见图 4-1 至 4-8）

安心：我们逐一来看。这张图（见图 4-1）代表你眼中的另一半有什么样的特质？你的第一直觉是什么形容词？

Projection of Real me No 62

图 4-1　殊瑶抽的坤 62 号东真图

殊瑶：（表情平静，专注地看着图）第一感觉是他在监视我，给我一种他不信任我的感觉。

安心：很好，不信任的。

殊瑶：他说他这是在保护我，说男人都没有什么好心眼，他看到我和别的男生说话就会生气，有一次还……（欲言又止）

安心：（点头）这张图（见图4-2）代表你眼中的另一半有什么样的特质？你的第一直觉是什么形容词？

殊瑶：（不假思索）强大的，就像我男朋友，他很强大，手下面的这个小人就是我。我们刚恋爱时，他无微不至地呵护我、保护我。

安心：感觉一下这个小人的心情如何？

殊瑶：（停顿片刻）不算太好，她被压着或被拎着，其实挺难受的。

安心：对这个小人来说，上面强大的部分给她什么感觉？

殊瑶：是一种压迫感，让她害怕这股力量会把自己压死。

图4-2　殊瑶抽的乾10号东真图

安心：很好，强大的压迫感、恐惧感。

殊瑶：（急忙内归因）可能是因为我太弱小了，所以我才会有这种感觉吧。

安心：（点头）这张图（见图4-3）代表你眼中的另一半有什么样的特质？你的第一直觉是什么形容词？

殊瑶：（不自觉地皱眉，尴尬一笑）我现在已经觉得他在我耳边说我了。

安心：好，听听他说什么？

殊瑶：他说，"你怎么连个梯子都爬不上来？这有什么好怕的？！你真是笨得像头猪！"

安心：你在画面里吗？

殊瑶：（点头）我是下面这个穿红衣服的人，他是上面那个穿绿衣服的人。他手里拿着一根棍子，在帮我爬上去。可是，我很害怕他拿棍子打我。

安心：他之前打过你吗？

殊瑶：（深吸一口气）嗯……但也不算重，（再次内归因）也怪我做得

Projection of Real me No 29

图4-3 殊瑶抽的乾29号东真图

确实不好。

安心：这张图的形容词是什么？

殊瑶：暴力的。

安心：（点头）这张图（见图4-4）代表你眼中的另一半有什么样的特质？你的第一直觉是什么形容词？

殊瑶：（苦笑）我看这张图很有感觉，有一种被审判的感觉。我是图中最下面的这个人，像是在等待结果。

安心：画面里的你是什么心情？

殊瑶：很忐忑的，想为自己辩护却什么也说不出来……其实，无论我说什么，他都会反驳我。

安心：这张图告诉你，你眼中的另一半有什么样的特质呢？

殊瑶：是一个制定规则的人。

安心："制定规则"并不是一个形容词，你可以试着把这种感觉转化成

图4-4　殊瑶抽的乾71号东真图

形容词。

殊瑶：冷漠的、高高在上的。

安心：（点头）这张图（见图4-5）会让你想到什么形容词？

殊瑶：（开始咬嘴唇，显然她感到了压力，皱起下巴停顿了片刻）指责，大部分来自我男朋友，还有我爸爸。我男朋友以前明明是很爱我的，我一直在反思是不是我哪里做得不好。

安心：指责给你什么感觉？

殊瑶：（克制着情绪）很熟悉，我也会很自责，有时我甚至会觉得自己不配活着。我跟他提过分手，但看他可怜巴巴地求我不要离开他时，我觉得他还是很爱我的，他是因为我总是做不好才生气的。

安心：所以在你的眼中，男人是什么样的？

殊瑶：有要求的。

安心：（点头）这张图（见图4-6）会让你想到什么形容词？

Projection of Real me. No 57

图4-5 殊瑶抽的坤57号东真图

图 4-6　殊瑶抽的乾 42 号东真图

殊瑶：（轻轻捂住嘴，声音颤抖）啊，这张好恐怖！很像那天他打我的样子，他已经抬起手了！（眼泪夺眶而出，像个无助的小女孩那样哭诉）他总说……我是他这辈子最重要的女人……是他最理想的爱人……他说他很爱我，可我那天只是和一位普通的男同事一起吃工作餐，他知道后就打我……还骂我不知廉耻……现在无论我做什么事，都很害怕会让他不高兴……

安心：（递纸巾）这张图代表你眼中的另一半是什么样的？

殊瑶：（看了看图，又紧紧地闭上双眼，边流泪边一字一句地说）是危险的。

安心：（点头）这张图（见图 4-7）会让你想到什么形容词？

殊瑶：我努力想把它看成"爱你"，但我心里看到的却是"受伤"。就像他动不动就说我不爱他，我就得拼命努力证明我有多爱他，我在这个过程中其实是很受伤的。这张图给我一种表里不一的感觉。

安心：（点头）这张图（见图 4-8）会让你想到什么形容词？

殊瑶：这张图给我的感觉是很客观的，因为我的心情往往是雷雨交加的，

Projection of Real me No 23

图 4-7　殊瑶抽的坤 23 号东真图

Projection of Real me No 16

图 4-8　殊瑶抽的乾 16 号东真图

就靠着那一抹彩虹撑着。

安心：彩虹在你们的关系中代表了什么呢？

殊瑶：（沉默许久）是他以前对我的爱，我总是期盼着我们能回到那个时候的状态，现在他总是阴晴不定的。

安心：你会用哪个形容词来形容呢？

殊瑶：不稳定的。

安心：你做得非常好，现在我们得到了一些形容词，分别是不信任的、强大的压迫、暴力的、冷漠的、高高在上的、有要求的、危险的、表里不一的、不稳定的。

殊瑶：（震惊）天啊，怎么全是不好的词？！是不是我的高求太高了？

安心：你非常善于内归因，这是你的优点，也是你致命的缺点，因为物极必反、过犹不及。如果你认为是自己对伴侣的要求太高了，接下来我们就来想象一下，你有一个宝贝女儿，你非常疼爱她，你会把她托付给一个怎样的男人？注意，不能要求太高。

殊瑶：好。

安心：他得是一个很信任你女儿的人，你女儿也很信任他，你觉得这个要求过分吗？

殊瑶：不过分，彼此信任是亲密关系的基础。

安心：他得在你女儿身后力挺她，用自己强大的资源支持她，你觉得这个要求过分吗？

殊瑶：不过分。

安心：很好，他得对你女儿温和讲理，有个好脾气，你觉得这个要求过分吗？

殊瑶：不过分，要是他脾气差，他俩的日子也过不消停。

潜意识觉醒：用图解读看不见的自己

安心：他得对你女儿知冷知热，如果两人吵架生气了，他能知道说几句好听话哄哄妻子，你觉得这个要求过分吗？

殊瑶：（笑）不过分，我现在只是想象一下这个画面就觉得挺美好的。

安心：他得尊重你女儿，不能抬手就打，你觉得这个要求过分吗？

殊瑶：这是必须的。

安心：他得对你女儿有基本的坦诚，不能说一套做一套的，你觉得这个要求过分吗？

殊瑶：不过分。

安心：他得情绪稳定，能处理生活的琐事，就算遇到点事情也能冷静处理，你觉得这个要求过分吗？

殊瑶：不过分。

安心：我以上说的这几点，全都是你对你男朋友的期待。

殊瑶：（惊讶）啊？（思考片刻）嗯，是这样的。

疗愈第 3 步：整理解析正负面词，发现对伴侣的精神需求，以及自我需要调整的方向

安心：通过这八张图，我们得到了八个形容词（见表 4-1）。正面词代表对伴侣的期待；负面词代表对伴侣的恐惧，而且它们往往也是过往的经验。如果全是负面词，就代表你对伴侣感觉到挫败和恐惧。如果把负面词转化为正面词，就是你对他的期待。现在，你还觉得是自己对他的要求太高了吗？

殊瑶：好可笑！这些都是做人最基本的东西，他却做不到！刚刚我没跟

表 4-1　　　　　　　殊瑶提出的负面词，以及可以转化的正面词

负面词	不信任	压迫	暴力	冷漠	高高在上	危险	表里不一	不稳定
正面词	信任	支持	温和	热情	平等待人	安全	坦诚可靠	稳定

你说，他还曾怂恿我自杀，但我没有听他的。我身边的朋友一直在提醒说我被他PUA了，只是我一直不想面对。现在经过这样的整理，我的脑子突然清醒了。他在外人面前一直是"好好先生"的样子，我还总觉得是自己太没用了。没想到，是我太轻信他了，被骗了好久啊！现在回想起来，后背都发凉！

安心：姑娘，当你珍惜你自己的时候，没人能轻贱你。不用怀疑你的真诚与善良，无论在哪里这都是毋庸置疑的。不过，如果你因此而受到伤害，并让你在受伤后对所有男人嗤之以鼻，那才是特别蠢的。

殊瑶：我今天真的感到醍醐灌顶，我应该如何调整自己呢？

安心：你对伴侣的期待往往就是你需要调整的方向，比如，你期待信任，那么请问你足够信任自己吗？当感觉不对的时候，你会自我怀疑、自我否定吗？又如，你期待支持，那么请问你支持自己吗？当他说你有错的时候，你捍卫自己了吗？你对自己足够温和吗？这八个形容词，每个都是你的路灯，指引你去走康庄大道，别在泥泞的小径上蹒跚。

殊瑶：谢谢，这个真的太神奇了，每一条都戳到了我的心。

案例分析

假象：想通过不断自我调整来改善亲密关系。

真相：被 PUA 的关系中没有爱。

在这个案例中，殊瑶为什么明明非常痛苦却没有主动离开呢？因为被 PUA 的人会认同施虐者的话，并害怕自己离开后真的没人要了。不过，也有那种并没被 PUA 的女生，在感情中受尽万般痛苦却离不开。为什么要硬生生地爱着一个不喜欢的人？

因为很多女生在恋爱初期，当男生对自己疼爱有加时，会把对方脑补成

潜意识觉醒：用图解读看不见的自己

118

自己最理想的伴侣，然后不假思索地疯狂付出。比如，某个女生在潜意识中期待对方是一头"雄狮"，便在热恋期不由分说地爱上了对方——他实则只是一只"公猫"。可见，这个女生是戴着滤镜去看对方的。待她看清对方的"真面目"后，必然会很痛苦，但她很可能离不开——其实，离不开的不是这只"公猫"，而是她投射在猫身上的那头"雄狮"。毕竟，她曾在一段时间内沉浸在与"雄狮"热恋的日子里，这段日子美得像梦幻。她依然深爱那头消失的"雄狮"，不愿面对现实。

疗愈方法及操作步骤

本案例用到了"伴侣模型"图阵方子（见图4-9），它能帮助来访者发现

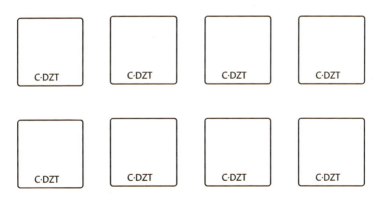

图 4-9 "伴侣模型"图阵方子

内心的期待与现实的恋人存在着巨大的差别，并能让来访者意识到自己真正离不开的是自己的期待投射在伴侣身上所出现的"完美恋人"。你也可以按照这个图阵方子进行探索。

快问快答

问：如何避免被 PUA ？

答：你需要改掉以下"优点"（见表 4-2）。

问：只能抽八张吗？

答：也不是，可以多抽一些，甚至十几二十张也可以。

问：为什么要把正、负面词统一呢？

表 4-2　　　　　　　　　　你需要改掉的"优点"

"优点"	原因	怎么做	目标
共情能力太强	容易过度为他人着想，成为他人的人生道具	你需要适度冷漠，明白人只能为自己负责	拒绝过度承担
太善于取悦他人	容易过度在意别人的肯定，被榨取价值	你需要建立内部评价系统、丰富价值感来源，学会自我肯定	拒绝卑微讨好
太善于反思复盘	容易过度自我怀疑、产生内耗，陷入帮他人践踏自我的泥淖之中	你需要建立笃定的人格，练习自我同情、自我支持	拒绝对自己提出过高要求，自爱
太善良单纯	容易过度亲信他人，被欺骗、摆布却不自知	你需要开阔对世界与人性的认知，让心智成熟	拒绝"傻白甜"的人设

潜意识觉醒：用图解读看不见的自己

120

答：统一后较为便于让视角一致。

问：我抽到的图中只有两张是负面词，其他六张都是正面词，这代表什么呢？

答：代表你对伴侣的期待很高，容易理想化。

问：我结婚了，做这个图阵方子时，我发现我得到的词和我的伴侣差别好大。

答：你在仔细观察之后就可能会发现，那些差别大的部分往往是经常吵架的点。比如，你希望对方勇敢无畏，但现实中你的伴侣稍显懦弱你就会很生气。你需要摘掉滤镜，去接受、去爱你真实的伴侣。

安心语录

判断对方是不是理想伴侣通常有以下三条标准：

1. 他／她是否支持并尊重你；

2. 他／她是否支持并尊重你；

3. 请参照前两条。

我该如何彻底摆脱一段畸恋的纠缠

还有一个人在纠缠着你的心吗？

当你看到这句话时，如果心中出现了一个人，这个人便是你的心结。一段深刻的关系可能在时间轴上已经成为往事，却在心轴上搁浅停滞。越是畸恋，越让人陷得深。如何彻底摆脱一段畸恋的纠缠？看完下面这个案例，你或许就能真正地和过去道别了。

<h2 style="text-align:center">案例 4.2</h2>

那天下午，温雅身穿一条灰色连衣裙。见到我后，无助的脸上勉强挤出一丝笑意。她是我的一位长期来访者，我知道她一定是遇到了什么急事才赶来见我的。她垂头丧气地一屁股坐了下来，随之沉沉地叹了口气。

温雅：安心老师，我发现我好像根本无法相信男朋友是爱我的，无论他为我做什么，我好像都得找到他不愿意为我付出的蛛丝马迹才甘心。可是，我又很喜欢向他提各种要求，尤其是和钱有关的事，比如，让他给我买加油充值卡、交培训费之类的。这些年来，他几乎每次都表现得非常好，可我不但没有体会到被爱的快乐，还下意识地去寻找他不情愿的"证据"。我甚至在每次提要求时，都会仔细观察他的表情、语气、动作，就像抓小偷一样企图去抓住能体现出他不情愿的"证据"。我为什么总是这样呢？他也被我折磨得很无措，他总说"我做什么都不对"。这让我也很难受（抽了两张纸，擦眼泪）。

这是很多恋爱关系中都会出现的桥段：一方想证明自己的爱从而不断满足对方；另一方却怎么都得不到满足，只是体现的方式略有不同，有要时刻回应的、有要满足各种无理要求的……亲密关系的微妙之处在于，你可以从关系中看到自己内心的缺失。显然，温雅在这段关系中无法安稳地享受男朋友的爱。这个不安稳的情绪的背后，真相是什么？它来自哪里？

安心：我们假设有一天你找到了"证据"，也就是你证明了他就是有不情愿的想法，那么会怎样？

温雅：（突然愣住了，好像从未想过这个问题似的。片刻之后，低头，认真地说）我会觉得自己是不值得的、是廉价的。

安心：这种不值得的、廉价的感觉会让你联想到什么？

温雅：（依然低头，轻轻地并拢双脚，沉默片刻）在我的上一段感情中，我的这种感觉很强烈……就是……之前我和你聊过的关于和老杨的那段感情。

对于温雅而言，那是一段飞蛾扑火的爱情。当时两人均已成家。老杨的年纪比温雅大很多，他事业有成，风流倜傥、颇有格调。当时年纪轻轻的温雅彻底被老杨俘获，爱得天崩地裂。可是，没过不久温雅就发现，自己并不快乐。老杨总是在精神上打击她、控制她；温雅明知这一点，却仍像追逐太阳一般沉迷在这段感情中无法自拔，她甚至为此离婚，并与老杨维持了四年奴隶主式的恋爱关系。最终，被伤得千疮百孔的温雅还是勇敢地离开了老杨。

温雅：那几年他让我觉得自己很廉价，我甚至还 PUA 自己呢！我当时觉得一生能经历一次这种飞蛾扑火的恋情还挺幸运的，现在感觉好可悲。唉，真想穿越回去给他一巴掌！奇怪的是，我总会突然想起那时的某个片段，然后立刻就会把它推到一边，实在不想去想那些。我一直有一种"只要我一回头，老杨那张巨大的脸就会扑上来"的感觉。我不敢回忆，甚至不敢回头。

疗愈第 1 步：找出内心要处理的客体象征人像

"客体"是一个心理学术语，客体的对面是"自体"，也就是"我"。与"我"建立关系的人包括万事万物，均被称为"客体"。在现实中处理关系时，往往需要双方坐下来对话；但在心理疗愈中，可以单方面地对关系的感知、认知做心理调整，整个过程无须对方真的参与。也就是说，"我想处理和你之间的关系，但这件事与你无关"。

安心：越是逃避压抑的事，就越会如影随形地跟随着我们，直到我们能去直面它、处理它。接下来，我用的是东方真我图阵方子中的"安心的空椅子法"帮助你。现在我需要你从人像图中选一张你感觉像老杨的图。注意，只要是感觉上像他就可以了，不用受限于人物的性别、年龄。

温雅：（选图，见图4-10）

图4-10　温雅选的44号成人人像图

温雅：（看着图中的老杨，温雅不自觉地将手伏在胸口，身体也随之调整了一下）我想起了好多难过的事……一旦触及他，我就会条件反射地避开，赶紧转移注意力。

安心：现在我会陪着你一起去面对。我想你还有很多话没有对老杨说。

温雅：我不知道想对他说什么。

安心：不知道说什么，就从这些东真字中选择一些与他有关的词。现在你已经比之前成熟了，可以重新审视这段关系中的老杨了。你觉得哪些词与他有关？请选出来。

疗愈第2步：联结客体，通过东真字梳理出关系中要处理的所有负面情绪

在长期压抑或逃避某件事的状态下，很难一下子触及所有事件中的情绪。潜意识会启动自我保护程序，也就是条件反射式地回避问题。如果用单纯的访谈对话方式，那么往往会用很长时间（几个小时甚至几个星期）才能慢慢展开这些情绪；相反，如果借助144张东真字，就可以轻松且快速地触及很多情绪词，仅需几分钟就能选出与客体强相关的感觉词。

温雅：（只用三分钟就选出了20张评价老杨的东真字：受害者、胁迫、虚伪、面子、逃避、性、执念、压抑、贬低、嘲讽、欺凌、抛弃、贪婪、羞耻、麻木、愤怒、冷漠、傲慢、窝囊、欺骗。以及2张代表自我感受的东真字：悲伤、侵犯）

疗愈第3步：将代表老杨的客体象征人像图与东真字结合，形成一个外圆内方的图组

文字代表倾诉的主题，图像则代表客体老杨。对老杨的联结感能帮助温雅与老杨进行心灵对话。温雅对老杨用"你"这种称呼诉说关于在这段关系中的悲伤。说完，换一个东真字继续说，直到把20张东真字全部用完。注意，一定要看着图组说，就像是真的在对着当年的老杨说话。

温雅：[着看手中的"老杨"和"悲伤"东真字图组（见图4-11），深深地吸了口气，像是聚集了全部的勇气，但语气异常平静] 老杨，和你在一起这么多年，离开你时我才发现，我每天的心情好坏完全取决于你。只有你高兴我才能高兴。我还发现，越让我为难的事情，就越让你莫名地高兴，好像不难为我就无法体现我有多爱你似的。我也真的为你做了太多傻事，让我感觉对家人充满了愧疚感，尤其是对孩子。你不断地PUA我，最可悲的是，我还帮你一起PUA自己。那些当年看上去美好的经历，现在看来几乎全部都是悲伤的。如今你仍会冷不丁地闪现在我的脑海中，让我猝不及防。甚至当我在路上看到一个很像你的背影时，我也会紧张到心跳加速……（疑惑）安心老师，我这么说可以吗？我从来没有说过这样的话，有点不太适应。

安心：你做得很好，可以继续尽可能地把心底的愤怒表达出来，我在听。

图 4-11　温雅选的 44 号成人人像图和"悲伤"东真字图组

温雅：（抿了抿不安的嘴唇，轻轻地点着头给自己鼓励，换成第二个图组，见图 4-12）侵犯。对，你侵犯的是我的尊严，还有我的人生。我对你感到愤怒，是非常强烈的愤怒。虽然当年我为你离了婚，万幸老天爷眷顾我，没让你娶我。你因为你妻子和别人开房、欺骗你、背叛你，你就觉得女人都是骗子。那时你为了满足自己变态的心理，要监听我怎么和男同事说话、和丈夫说话，你用各种说辞对我软硬兼施、对我进行各种控制，为此你还弄了两部互相通话免费的手机。我成了你妻子的替罪羊，任你摆弄。我以为牺牲尊严满足你就能疗愈你的伤，我真的是太傻了，是我太害怕失去自以为的"爱情"了！（声音颤抖）你简直就是个混蛋！像你这样的混蛋，再换 10 个妻子也得出轨！我真想穿越回去给你一巴掌！我真庆幸最终离开了你。你不配再占据我的人生，你的可怜是自找的，活该（一边试着努力将压抑的情绪尝试释放出来，一边让自己尽量保持平静）。

安心：很好，请继续。

图 4-12　温雅选的 44 号成人人像图和"侵犯"东真字图组

温雅：[拿起"受害者"东真字（见图 4-13）]嗯，受害者。老杨，你嘴上说不离婚的原因是不能看着你妻子分走你一半财产，去跟别的男人享用。我知道这只是说给我听的，一定还有其他原因。其实你才是婚姻的获利者。你妻子的背叛是你可以随时拿捏她的地方，所以很难说你是纯粹的受害者。你很会制造一种别人都不对、别人都亏欠你的感觉。我是真的很瞧不起你的这点小聪明！

安心：（点头）

温雅：[轻松地拿起"虚伪"东真字（见图 4-14）]呵，虚伪。我觉得你非常虚伪，可是你长得太帅了，那时候的我真的很难拒绝像王志文一样不羁、像费翔一样潇洒的男人。当我看着你的时候，大脑就宕机了。现在想想，也不能完全怪你骗我，我也有配合你自欺的成分。不过，再诱人的皮囊也遮盖不住你的虚伪，假的、装的、演的、怪恶心的（温雅丢开这张"虚伪"东真字，它被丢到了桌角。老杨身上那曾让她神魂颠倒的吸引力，现在被她视

图 4-13　温雅选的 44 号成人人像图和"受害者"东真字图组

图 4-14　温雅选的 44 号成人人像图和"虚伪"东真字图组

如粪土。在不知不觉中，温雅与老杨的心理位置发生了微妙的变化）。

安心：在说完每一个图组后，请审视你的心里是否还残留着被压抑的愤怒，尽可能地表达出来。你不用考虑是否礼貌，甚至不用考虑道德约束，你想说什么就说什么。

温雅：（表达更加肆意，吐槽了老杨的胆小、怕事、没担当。在老杨出差去外地时，竟然还逼温雅请假去帮他监视妻子的行踪）

安心：（点头）

温雅：[拿起"性"东真字（见图 4-15），嘴唇紧闭、皱起下巴] 唉，我当时真是瞎了眼了（身体颤动，呼吸加重，情绪获得释放）！他看起来仪表堂堂，其实心里满是龌龊。要不是那次你把手机落在我家，要不是我突然出现在你办公室听见另一部手机的铃声，我真没想到你会有三部手机！你用各式各样的方法去撩女人，看起来冠冕堂皇，心里全是男盗女娼！你活得真恶心，我现在看到的这张照片都让我觉得猥琐不堪！

图 4-15　温雅选的 44 号成人人像图和"性"东真字图组

温雅的语言不再平静，奔流而出的每一个字都铿锵有力。她随后一口气完成了"压抑""抛弃""贪婪""羞耻""愤怒""傲慢""窝囊"等东真字，然后深深地呼了一口气，像完成了什么使命一般。

安心：你之前梳理过这些内容吗？

温雅：（摇头，微笑）没有，从来没有。以前我一旦想起来他就会绕着走，不想面对。

安心：现在感觉怎么样？

温雅：我觉得代表老杨的这张图的颜色变浅了。有一种透了口气的感觉，很舒服。

安心：好，你再试着去回头，心里还会看到老杨的那张大脸吗？

温雅：天啊，他怎么变得那么小，离我好远好远，我觉得他顶多只有一根手指那么大了——啊，之前他的脸是会把我淹没那么大呢！现在我觉得这个距离很好，不会让我再感觉有压力了。只是因为我说了那些话吗？

安心：是的。现在，你们的心理距离拉开了。在这个关系中，你不再是被盯着的、弱小的那个，而是站起来勇于反击的那个。这意味着你梳理了自己的力量，真正地远离了他，所以老杨在你心里的意象会变小、变远。

温雅：他确实远了好多啊！那他还会在我的脑中闪现吗？

安心：可能会，但就算是在你的脑中闪现也会发生很大的变化。一旦闪现，你要做的就是不逃避，任他闪现。

温雅：好，因为越逃避越跟随，是吧？

安心：是的，你很聪明。我们刚才处理了老杨这个客体，接下来你要关心一下自己。请你从人像图中找出一张代表那个时候的自己，只要感觉对就可以，不用考虑图中人物的年龄和性别。

潜意识觉醒：用图解读看不见的自己

疗愈第 4 步：找到内在小孩

温雅：[认真地翻阅每张人像图，最终找到了她的内在小孩（见图 4-16）] 她被困在一个房间里，这里就像是一个困境，只能透过铁栏杆看着外面自由的天地，她的双眼充满了胆怯和无措。

安心：好，请你再选一些东真字，代表你想赋予当年这个内在小孩的力量。

疗愈第 5 步：与内在小孩对话，让现在更强大的、成功走出来的自己去安抚鼓励曾经的内在小孩

看到内在小孩本身就能带来疗愈。当你赋予内在小孩力量时就是一种自我疗愈，更是一种自我暗示，暗示着现在的自己更有力量、更有勇气。这会再次调整并强化与老杨的心理位置。

温雅：（选出 20 张东真字，分别是自信、休闲、自尊、慈悲、宽恕、坚定、快乐、金钱、关心、接纳、安全、释怀、信念、欣赏、幸运、轻松）

安心：先来选一张东真字，把内在小孩放在中间组成一个图组。让现在

Projection of Real me No 30

图 4-16　温雅选的 30 号儿童人像图

这个更成熟、更强大的自己去鼓励、支持那个时候的自己，你想对她说什么呢？

温雅：［选出"自信"东真字（见图4-17），眼角泛着泪光］别怕，自信一点。你知道吗？我是长大的你。只要你离开这个牢笼，勇敢地走出来就行了。你都从那么强的PUA中走出来了，你可以变得很自信，来吧，试试看……安心老师，我感觉她在听我说话，眼神中有渴望，但好像还有一点不太敢相信我的话。

安心：很好，她还会有变化，你看着她说就可以了。

温雅：［选出"休闲"东真字（见图4-18）］你不需要给自己安排那么多事情来显得你很忙、很有用。你可能都觉得自己不配休闲，总想着怎么为别人做点什么。可是，你是自由的，你可以放松下来。我会陪着你的，你相信我……安心老师，她的眼神又变了，眼中有光了，我觉得她有点想试试了。

安心：（点头）

图4-17 温雅选的30号儿童人像图和"自信"东真字图组

图 4-18　温雅选的 30 号儿童人像图和"休闲"东真字图组

　　温雅：[选出"自尊"东真字（见图 4-19）]你要慢慢地学会尊重自己，这也是教别人如何尊重你。你可以拒绝别人提出的令你感到不舒服的要求，对自己讨厌的人说"不"！勇敢坚定一点，实在不行就蛮横一点，给自己壮壮胆。比如，"我不想这么做！"你很好，你是值得的。你看，那么强的一个 PUA 施虐者都没有让你垮掉，你一脚把他踹开了，你多棒啊，你是一个多么优秀的孩子！（笑）老师，我看到这孩子把栏杆掰弯了，好像都要把栏杆拽开了，她眼中好像有眼泪……我现在感觉她的手抓得也不是那么紧了……这感觉好神奇。

　　安心：（笑）继续，你做得非常好。

　　温雅：（依次完成"慈悲""宽恕""坚定""关心""接纳""安全""轻松""蜕变"等东真字图组）老师，我觉得她现在并没有身处困境，她身后就是一片自由的天地。她只是在看着屋里曾经的自己，看完她就会离开。尽管心里还有些不舍，但她还是会转身离开的。最后一张东真字居然是"蜕变"，

图 4-19　温雅选的 30 号儿童人像图和"自尊"东真字图组

这个图组看起来好奇妙。

安心：你在这么短的时间里就能发生这么多变化，真为你感到高兴。

疗愈第 6 步：自我确认，找到象征现在的自己的人像图。通过对客体老杨的宣泄，释放了压抑并调整了心理位置，再通过赋予内在小孩力量和支持来再次强化自我的过程。对现在的自我状态的确认是第三次正向强化

安心：现在我们做最后一步，从人像图中选一张代表现在的自己。

温雅：（毫不犹豫地找到了代表自己的图，并选择"自信"东真字来形容现在的自己，图组见图 4-20）我确定我的心依然温热，生发出了对自己的慈悲。我不苛求自己，也不苛责别人，这种感觉让我很自信、很安心（看着画面中的自己，笑意加深，且洋溢着满意）。

安心：你在不断学习、成长的道路上，能渐渐区分真自信和假自信。只要有行动，哪怕再慢，也好过停在原地。你终将踏出挥别过往的脚步，告别画地为牢、裹足不前、作茧自缚的日子。可能恰恰是因为你允许自己慢慢地

图 4-20　温雅选的 8 号成人人像图和"自信"东真字图组

往前走，不催促自己、不为难自己，才有机会去体会自信与从容。

案例分析

假象：不相信现任男朋友爱自己。

真相：不相信自己值得被爱。

温雅潜意识中有这样的信念："我很廉价，我不值得你付出这么多。"正是因为她有这样的信念，她才会用尽一切方法证明自己是"对的"，即不断提出要求、创造机会抓住对方，以证明自己的想法。可是，她既苦于无法证明，又苦于期待自己是被爱的。她并不明白自己为什么会这样，更别提她的现任男朋友了。

我们只通过一个简单的自由联想就可以找到那个"强烈的来源"。在与老杨的关系中，温雅从老杨身上看到的自己几乎都是负面的。长期被 PUA

让温雅相信自己必须听话、顺从、仰慕、"无脑"，才是"好女人"。这种极不平等的关系，塑造了一个"在爱里找不到家"的女人。在她带着与老杨相处的伤和潜意识束缚性信念进入一段新的亲密关系中时，她就会在新的关系中看到旧模式。即使温雅与现任男朋友分手，再找一任男朋友，也会重蹈覆辙。

找到问题的根本对于疗愈来说真是太重要了。如果我们一直在温雅与现任男朋友的问题上打转，她就很可能永远得不到疗愈。

疗愈方法及操作步骤

这个案例用的是"安心的空椅子法"图阵方子（见图 4-21）。

空椅子技术是格式塔流派的一种常用的技术。它简便易行，在心理咨询和心理辅导中常会被用到。这项技术的目的是帮助当事人全面觉察发生在自己周围的事情，体验自己和他人的情感，帮助当事人坦诚面对关系中自我的感受。在格式塔疗法中使用这项技术时，需要单方面处理内在与客体之间的关系。在具体操作中，需要将一把空的椅子放在来访者对面，并让来访者想象对方坐在椅子上，然后用直接对话的方式进行阐述。这项技术通常被用来处理一些现实层面无法真实面对面地处理的人际关系（比如，过世的亲人、失联的人、不想再有联络的关系等）。

我将空椅技术与东方真我疗法相结合，提出了"安心的空椅子法"，即通过让来访者选出神似的人像图来代替客体部分，更具真实代入感。同时，借助东真字启发来访者倾诉宣泄的内容，使其更全面、更有针对性地表达，使得疗愈步骤的结构更加完整。

安心的空椅子法（疗愈关系创伤，拿回力量，重塑自我）

①选一张代表对方的成人人像图；
②选一些形容对方的东真字；
③将①和②组成图组，倾诉感受；
④从儿童人像图中选一张代表过去自己的内在小孩；
⑤选一些想赋予内在小孩的东真字；
⑥与代表内在小孩的东真图组成图组，多次鼓励内在小孩；
⑦从成人人像图中选一张代表此刻的自己；
⑧选一些想赋予此刻的自己的东真字，逐张进行自我对话。

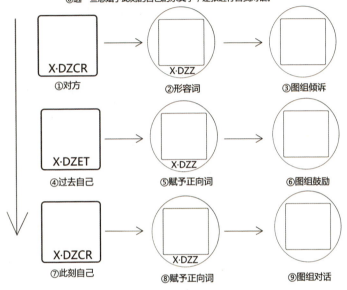

图 4-21 "安心的空椅子法"图阵方子

快问快答

问：我可以独自用这个方法进行自我疗愈吗？

答：完全可以，"安心的空椅子法"提供了一个有效的疗愈框架，相当于你身边有一位设定好疗愈步骤的心理咨询师，因此你可以借助它独自完成疗愈。需要注意的是，在你进行自我疗愈时，最好不要处理非常沉重的问题，以防因过度情绪化而引发未知情况。

问：这个步骤结构有什么深层含义吗？

答：当然有，先处理客体关系，这个过程会在释放压抑的同时调整与客体之间的心理位置。宣泄本身就是将心理位置调高的过程，接下来带着这股力量去给予内在小孩。这一步就是自我救赎的过程，其实也是再次强化内在力量。最后一步是自我确认，通过疗愈来重塑内在自我，强化内在力量。

问：这个图阵方子还可以用来处理哪些问题？

答：还可以处理很多问题，比如，之前没有处理好的心结、过往的创伤、未完成事件（比如，断崖式分手、突然中断的关系、家人突然的离世），甚至可以处理人以外的关系（比如，太过依恋的物体、某种困扰你的情绪等）。

问：要是说不出来怎么办？

答：没有必要一定说出来，可以在心里默默地说，也可以写出来、画出来。

问：这个图阵方子里都是选图，是否可以盲抽图呢？

答：也不是不可以盲抽图，但是选图更有针对性，便于你用大脑将情感引流。盲抽是潜意识层面的，我往往会根据需要和直觉来判断来访者选的词够不够、有没有忽视压抑的部分。如果有，就在来访者选图/字后再让其盲抽。

问：从这个案例来看，好像心理咨询师没有说什么话，只需要听来访者说就行了。

答：这就是这个图阵方子厉害之处，其强大的结构决定了它会带来很好的疗愈效果。心理咨询师需要做的是保驾护航、灵活运用、认真倾听。

问：如果我心里想要的词在东真字中没有，怎么办？

答：你可以在纸上写下来。

问：用这个方法进行自我疗愈和去找心理咨询师进行疗愈，二者有什么区别吗？

答：有区别。心理咨询师更能敏锐地洞察你忽略的部分、更能确保你释放的情绪不会到失控的地步、更能为你提供一个更安稳的心理空间。还有一点也是很重要的，心理咨询师是你的倾听者、见证者。

安心语录

起初我们不知道自己的样子，便学会了照镜子。

起初我们不确定自己的好与坏，便听信了他人的评价。

可如果我们照的是一面哈哈镜，又怎么能看到真实的样貌？

如果我们听信的评价来自扭曲的灵魂，又怎么能获得真我？

找一面干净平整的镜子，找一个清明纯善的灵魂，不就好了吗？

可你忘了，那面至纯至净的镜子是你与生俱来的，藏在你心里。

虽然找到它并不容易，但所有的苦难都在为你指路引灯。

我和恋人矛盾重重但又不想分手，怎么办

过不好又分不开，大部分夫妻都对这种折磨深有体会。因此，老一辈人

都在婚姻里忍得一身病痛。新一代人让离婚率一路飙升，越来越多的年轻人甚至干脆釜底抽薪，"不婚一族"的队伍不断壮大。

我曾在民政局离婚登记处做过一段时间的现场调节工作，这个工作意义非凡，也看尽人间百态。重要意义之一在于，可以给一些其实还想在一起但实在不知道怎么解决问题的夫妻一次翻盘的机会。下面这个案例来自一对相恋已久的情侣。

案例 4.3

小松与冷冷相恋五年。因为小松在部队，一年只能回家几次，冷冷便在自己的老家经营着自己的公司。虽然两地分居，但小松的温柔和体贴入微深深地扎进了冷冷心间。可是，再轰轰烈烈的爱情也总会归于平淡，两人之间的问题渐渐多了起来。有一次，小松的母亲腰受了点小伤，小松非常紧张，又是寄东西，又是嘘寒问暖，还找人给母亲看腰。这让冷冷心里很不是滋味，因为就在前几天，冷冷也向小松说过，自己的脚犯了筋膜炎，最近每天都要去做理疗。小松听后只是简单地安抚了几句，没想到这竟成了压垮冷冷的最后一根稻草。

冷冷：（一脸颓丧和无奈，神情看起来像是接受了现实的平静，但又紧紧抿着嘴唇）安心老师，我真的撑不下去了，今天和他提分手了。

安心：想好了吗？

冷冷：唉，其实我并不想分，但我实在太累了。一想到未来几十年都要这样过，我就很焦虑……（这时，她的手机响了，她立刻拿起手机，一看是小松打来的，便毫不犹豫地挂断了电话，装作满不在意的样子，却默默地掉下了一滴泪）

潜意识觉醒：用图解读看不见的自己

安心：你怎么不接他电话呢？

冷冷：不接，我一直不接。就算接了他也不知道自己哪里错了。

安心：他知道你为什么不理他吗？

冷冷：我说了，他是个只知道关心母亲的"妈宝男"，可他怎么都不承认。之前他每天都能给我打好几个电话，现在好几天才给我打一个。我现在内耗得很厉害，身体也不是很舒服。他这次回来，我既害怕也很抗拒和他在一起。为这事，我们吵得很凶。

安心：你这么做是想向他表达什么呢？

冷冷：其实我就是希望他问问我怎么了。

安心：如果他问了，你会告诉他你内心真实的想法吗？

冷冷：（惊讶，思考片刻）我不知道会怎么跟他说。

安心：请你看看这张图（见图4-22），只用感觉去看，不用讲道理。你觉得画面里正在发生什么？

Projection of Real me No 43

图4-22　坤43号东真图

冷冷：他们是恋人，也可能是夫妻。妻子很委屈，紧紧地抱着丈夫。对，她抱得很紧，她很需要他……

安心：请你听听，妻子对丈夫说了些什么。

冷冷：她说，"我希望你多担待我一些，不要回避问题，你多看看我……"（哭）

安心：你明明是说着别人，为什么自己哭了呢？

冷冷：（委屈得像个孩子）我发现……我其实就是在说我自己，我很委屈，很希望他爱我。

安心：嗯，如果你把这些内心的话对小松说了，会怎么样？

冷冷：以前都是在我们和好后我才会说。我也曾在和好之前说过，但他处理不了，我就不想说了。

安心：现在看来，你是真的想离开他吗？

冷冷：（边擦泪水边委屈地摇头）我不知道该怎么改变这个状态。

安心：你想改变，小松也想改变吗？

冷冷：应该也是想的吧，他不同意分手。

安心：好，下次你俩一起来。我给你们开副"心灵方子"，让你俩同时处理这个问题。

几天后，两人一同前来处理问题。

安心：我给你们开的"心灵方子"名为"爱合约"。我需要你们在我的见证下，每个人从这144张东真图中选出四张图，代表你在这段关系里的需要。图的感觉对了就可以了，不需要斟酌与自己的贴合度。冷冷先来选，小松既可以从冷冷选后剩下的图中选，也可以从冷冷所选的图中选。

疗愈第1步：把大脑层面已知的需求找出来，向对方表达出来

选图的过程是偏理性的，是通过大脑思维总结的，是关于"我知道我知道"

潜意识觉醒：用图解读看不见的自己

142

的部分。

　　冷冷：（选图，见图4-23）从左到右，我的解读是，（1）需要在我不开心的时候，小松能像这只手一样过来把我捧起来；（2）需要即使是异地恋，心也能在一起，多一些沟通；（3）需要小松是可依靠的，不管遇到什么事都能面对；（4）需要两个人在面对风风雨雨时，还能看到即将雨过天晴的彩虹。

　　小松：（选图，见图4-24）从左到右，我的解读是，（1）需要冷冷快乐一点，不要动不动就不开心，我很怕她不开心；（2）需要冷冷在遇到事情后能和我沟通，这种不说话的方式会让我感到紧张无措；（3）需要冷冷能告诉我应该怎么做，我就像这头牛，主人在后面给指令，牛才知道要做什么，这样才能配合好；（4）需要冷冷理解我的工作也很累，有时真的是没

图 4-23　冷冷选的四张东真图

从左到右，依次是乾 32 号东真图、坤 64 号东真图、坤 67 号东真图、乾 16 号东真图。

图 4-24　小松选的四张东真图

从左到右，依次是坤 48 号东真图、坤 37 号东真图、坤 33 号东真图、乾 61 号东真图。

有太多心力。

即使是两个相爱的人，各自的需求也不一定都是吻合的——我缺的，你恰好都多。这就会因供需不平衡而引发矛盾。

安心：接下来我要问你们两个问题。第一个问题是，你们看看自己的需求，总结一下有什么共性吗？

冷冷：我发现，我这四条都是在提要求。

安心：（笑）很好，你发现了。这对你来说意味着什么呢？

冷冷：（疑惑）我突然觉得，我是不是对他要求太高了？

小松：（笑开花）哈哈，"领导"居然意识到自己对我要求太高了。

安心：小松，你的四张东真图有什么共性吗？

小松：（回过神，认真地看着四张东真图，歪着头）我倒是没发现什么共性，就觉得我挺不容易的（嬉皮笑脸地看着一脸冷静的冷冷）。

在个体有强烈且集中的诉求时，共性往往会在这四张东真图上有所体现。一旦看到共性，就能看到需求的程度。这是个体自我觉察的重要环节。

安心：第二个问题是，把自己的四张东真图和对方的四张东真图做对比，看看哪两张东真图是矛盾的？

冷冷：我的第二张东真图和小松的第四张东真图是矛盾的。可能在他工作很累的时候没空理我，我会觉得不安全。

小松：我觉得她的第一张东真图和我的第二张东真图是矛盾的。她不高兴时，要是想让我知道，那么哄哄她、关心她，肯定是没问题的。问题是，她不说啊！给她打电话她也不接，就算接了也不说。

冷冷：（反驳）我没说吗？！我说了你也不当回事情，我还说它干什么？

小松：（着急）那我每天也要应付很多事啊，我怎么可能每天都去猜你为什么又不高兴了呢？你倒是告诉我，我怎么做你才高兴，然后我就去做嘛！

冷冷：（不悦）要来的爱是没有意义的！

安心：重点来了，冷冷的信念是，"你要是爱我，就该懂我的心。如果我直接和你说怎么做，你就不是真心地主动付出，不是真心的就没有意义"。

冷冷：（眼睛一亮）对对对，我就是这么想的。

安心：我相信你是爱小松的，那么你能猜透小松的心思吗？

冷冷：（恍然大悟）呃……可能也不能吧。

安心：那么，按照你的理论来推测，你并不爱小松。

冷冷：（低声慢语）也不能这么说……

安心：那对于是否试着表达自己的需要，你有什么新想法？

冷冷：（抿着嘴唇、低垂双眼）我可以试着去说说，表达一下。

安心：非常好，现在就来表达一下吧。

冷冷：（猛地抬起头看着安心）啊？我还没准备好呢。

安心：来吧，现在是最好的时机。

冷冷：（硬着头皮，吞吞吐吐地）我……其实……嗯……我发现，还挺需要你的。就是，有时候我看你对别人比对我好……心里就很难受。我……希望你多看看我，多……担待我一些……（哭。小松顺势把她揽入怀中，温柔地安慰）

疗愈第3步：找出潜意识真我的需求

安心：接下来，你们各自盲抽四张东真图，代表在这段关系中自己的需要。

盲抽图时是没有思维逻辑的参与的，更贴近潜意识真我。在盲抽图时，需要放松平静，每抽一张图都要明确这张图的意义是什么。

冷冷：（盲抽图，见图4-25）从左到右，我的解读是，（1）我的内心

图 4-25　冷冷盲抽的四张东真图

从左到右，依次是乾 49 号东真图、乾 1 号东真图、乾 9 号东真图、坤 21 号东真图。

深处还是希望有个家，给自己安全感，但我之前并没有意识到这一点；（2）我需要我们像图中的这两棵树一样贴得很近，相互依偎，我意识到我忽略了彼此应该都有自己的世界与空间；（3）我害怕表达自我，觉得自己像个小丑，我需要小松全然地接纳我，不要嘲笑我，而我意识到自己虽然表面很决绝、很冷漠，但其实很缺爱、渴望爱；（4）我的内心是干涸的，只有零星的绿色植物，我需要很多爱的雨露的滋养才能生机勃勃，而我意识到我的内在自我不够独立、完整，需要通过另一个人来让自己完整、满足自己。

　　小松：（盲抽图，见图 4-26）从左到右，我的解读是，（1）我需要冷冷的信任，这对我来说很重要，因为以前有很多矛盾是因为不够信任而引起的；（2）我需要一些属于自己的时间和空间让自己获得放松，我应该向冷

图 4-26　小松盲抽的四张东真图

从左到右，依次是乾 47 号东真图、乾 13 号东真图、乾 41 号东真图、坤 47 号东真图。

冷表达我的这个需求；（3）我需要清理很多缠绕自己的事情，我有时会因为理不清而暴躁，我希望能有人与我分担和商量；（4）我需要明白我并不能解决所有的事情，我以前会逃避一些事情，假装没发生。

疗愈第 4 步：根据手中的东真图，解读自己在关系中不能接受的部分

安心：现在，你们手中的八张东真图代表着你们各自在这段关系中的不接受的部分，请说说你们的解读。

从头脑意识层面与潜意识真我两个层面看防御系统和最脆弱的地方，避开雷区。

冷冷：我不能接受对方对我做的事有，（1）不能忽略我；（2）不能没有回应；（3）不能说谎；（4）不能不关心我；（5）不能取笑我；（6）不能乱花钱。

小松：（笑）巧了，我不能接受对方对我做的事也是六点，包括（1）不能说我没用；（2）不能说我是"妈宝男"；（3）不能在我工作的时候总给我打电话；（4）不能在外人面前对我很冷漠；（5）不能不让我孝顺母亲；（6）不能用冷暴力来解决关系中的矛盾。

疗愈第 5 步：形成书面合约，双方签字

- 从觉察自己的需求到清晰彼此的需求；
- 从打开潜意识深层渴望到突破限制；
- 从看到彼此红线到形成行为合约；
- 在咨询师的见证下梳理成文，形成书面合约（含惩罚措施），双方签字，完成这次关系的突破与重塑。

表 4-3 为合约样本参考。

表4-3   合约样本参考

_____的需要	惩罚措施	_____的无法接受	惩罚措施

本人以家庭和谐有爱为宗旨，愿意遵守此合约内容，并坚决贯彻在生活细节中，与_____携手共同创造属于我们的幸福生活。

签约人：_____   见证人：_____

注意：惩罚措施需要有爱意和创意，比如，一边拖地一边说"我错了，我应该……"、夸对方的优点直到把对方逗笑、吃一口芥末、背着对方做20个俯卧撑、往朋友圈发一张素颜照片、挠脚心三分钟、连续刷10天碗，等等。

案例分析

假象： 冷冷被亲密关系的沟通问题所困扰。

真相： 冷冷是因为内在小孩没长大，使她太依赖对方而感到困扰。

其实在亲密关系中并没有对错，只有是否合适。即使是一个有严重的人格缺陷的人，也可以找到合适的爱人。冷冷在亲密关系中的状态类似婴儿，需要对方强烈的爱和心有灵犀的懂得，这说明她在早年养育关系中没有得到充分的发展。在后来的咨询中，她的自述也证实了这一点——六岁时母亲离世，不善言辞的父亲将冷冷养大。她在小时候缺乏深度依恋关系，于是在长大后既可能会非常贪婪地吸吮爱，也可能会拒爱于千里之外。

潜意识觉醒：用图解读看不见的自己

冷冷在亲密关系中表现得很矛盾，用冷漠来表达希望被在意、用刺激对方来表达在意对方、用分手来表达渴望被爱。可见，她知行不统一，且反向形成。她不能很好地表达出内心的想法，在述情方面存在障碍。她在潜意识中希望爱人是无所不能的存在，可以满足自己所有的需求，同时理智又告诉她这不可能实现。她内在对爱的信念也注定了她将是一个不容易获得快乐和满足的人。因为她心中有这样的信念："爱不能说出来、需要也不能说出来，只有对方主动想到、看到、做到才是爱，否则就是假的。"这是一种"我不值得被爱"的心理投射："一般的爱不能让我确定自己是被爱的，我需要强烈的爱才能证明自己被爱着。一旦这份爱不那么强烈，我就又会陷入不被爱的漩涡中难以自拔。"这份对爱的渴望无处安放，所以冷冷与自己的关系才是问题的本质。

如果你也有"说出来就是要来的，要来的没意义"的信念，那你一生的情路注定坎坷，你会对一路山花烂漫视若无睹，眼中只有远山上的坟茔。长此以往，求不得的情愫必然会在五脏六腑中积累，从无形到有形，定不会让你有健康的身体。后来冷冷自述，她已在甲状腺上有所体现——心中有太多的话说不出，如鲠在喉。

爱自己的秘诀是，你期待别人给你怎样的爱，就去怎样爱自己。健康的一半是心理健康，疾病的一半是心理疾病，身心不二。

疗愈方法及操作步骤

本案例使用了"爱的合约"图阵方子（见图 4-27），旨在调整亲密的人际关系（包括夫妻、恋人、亲子、合作伙伴、闺密、好友等）。注意，运用这个图阵时需要有第三方在场，起到调节和见证形成合约的过程，通常由心理咨询师带领。

爱的和约（两人参与，明确双方感情需要及无法接受的部分，需要第三方调节和见证形成合约）

①两人分别按要求各选四张、盲抽四张东真图代表自己的需要；
②两人分别按要求各选四张、盲抽四张东真图代表自己无法接受的部分；
③两人分别解读自己的一个需求和一个无法接受的部分为一轮，共进行四轮；
④第三方（通常是心理咨询师）重述双方的内容，邀请双方表达感受，并引导他们达成共识后形成书面合约
（含惩罚措施），双方签字。

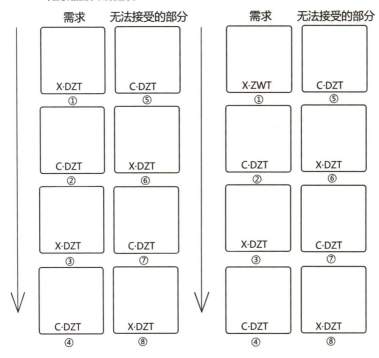

图 4-27 "爱的合约"图阵方子

快问快答

问：必须选四张、盲抽四张东真图吗？

答：不一定，这个数字是可以根据需要调整的（比如各八张），但

双方的张数需要一致。

问：如果双方在过程中争吵甚至打起来了，那么我该怎么办？

答：要立刻停止咨询，且咨询师不要去拉架。待双方冷静后，再让他们商量一下到底要不要改变。

问：你在案例中是先解读需求，然后解读无法接受的部分，但图阵中是一个需求、一个无法接受的部分交替呈现的，到底应该怎么办？

答：两者都可以。

问：这个图阵方子是否适合三个人参与？

答：当然可以，但会稍麻烦一些。比如有 A、B、C 三人，需要依次解读 A 对 B 的需求和无法接受的部分、A 对 C 的需求和无法接受的部分、B 对 A 的需求和无法接受的部分、B 对 C 的需求和无法接受的部分、C 对 B 的需求和无法接受的部分、C 对 A 的需求和无法接受的部分。

问：这个图阵方子可以用于自我探索吗？

答：可以的，你可以借助它进行自我探索，了解自己的需求和自己无法接受的部分。你可能会探索到很矛盾的部分，那可能是你内耗的来源。

安心语录

我们总在跌跌撞撞之中寻找通往他人世界的桥，期盼桥的那一端有一团永不熄灭的暖光。

我们在迷宫般纵横交错的桥梁中恐惧着、渴望着，却不确定走哪座桥才是正确的。

如果累了，就请停下来听听你内心的声音，那座桥就在你心里。

它是通往你心灵深处的密道，桥的那一端站着发光的自己。

他会对你说：

我会爱你百年，不用解释；

我会陪你终老，不离不弃。

这婚我到底该不该离

在你为是否要结束一段关系、做一个选择纠结许久时，是不是常会去找一位情感博主或心理咨询或朋友，抑或是通过诸如占卜的方法来帮自己做决定？忙了一圈下来，方法用了不少，意见听了不少，可还是不知道该如何做决定。

为什么会这样呢？原因很简单：别人给的意见是"别人的"，而不是"自己的"。只有看到内心已经有的那个答案才是属于"自己的"。那个答案往往被你的头脑迷惑，让你看不清。只有看到它，你才会做出"安稳的选择"。这时的你，不但知道要做什么，还知道为什么要做。

以下是一个关于是否要离婚的案例。

案例 4.4

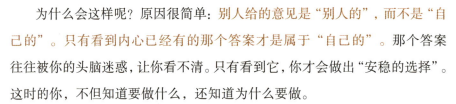

芳子是我的来访者，丈夫是当地著名的商人，家族生意如日中天。人到中年，芳子发现丈夫出轨了，但他并不愿离婚，还恳求芳子的原谅。到底要不要离婚？芳子为此在痛苦中挣扎了半年，始终无法做出安稳的选择。来找我咨询时，她说她希望能看到自己的潜意识中的答案，让她的真我做出最终选择。令她没想到的是，在寻找答案的过程中让她看到了事情的真相。

疗愈第 1 步：抽一张东真图，代表离婚的好处

芳子：（抽图，见图 4-27）

安心：只凭感觉，你觉得这张图告诉你离婚会给你带来什么好处？

芳子：（平静）自由，再也不会被这些烦恼纠缠了……可是，我觉得这只鸟没有脚。

安心："没有脚"给你什么感觉？

芳子：去哪里落脚呢？我会担心这个问题。

来访者投射鸟没有脚，象征其内心没有安全感，对自己的生存能力不自信。这里的生存并不是物质方面的，而是精神方面的。

疗愈第 2 步：抽一张东真图，代表离婚的坏处

芳子：（抽图，见图 4-28）

安心：只凭感觉，你觉得这张图告诉你离婚会给你带来什么坏处？

芳子：（深吸一口气）漂泊，你看这只小乌龟，它只有一片小枯叶能托

图 4-27　芳子抽的坤 12 号东真图

Projection of Real me No 46

图 4-28　芳子抽的乾 46 号东真图

着它，它只能在这片叶子上活动，周围全是水。

安心："周围全是水"给你什么感觉？

芳子：很危险，它会不小心掉下去的。

安心：掉下去会怎么样？

芳子：会淹死吧。

来访者投射乌龟会淹死，象征其对危险的高度警惕，这也是一定会出现危险的信念。她是在怀疑自己的能力，甚至完全忽略了乌龟是会游泳的，只能看到符合自己内心信念的部分。

疗愈第 3 步：抽一张东真图，代表不离婚的好处

芳子：（抽图，见图 4-29）

安心：很好，现在我们换到不离婚的视角。这张图告诉你不离婚有什么好处呢？

芳子：（略带留恋）有一个在外人看起来很好的家，这个家……还在。

图 4-29　芳子抽的乾 55 号东真图

安心："家还在"给你什么感觉？

芳子：（用力抿着嘴唇，眉头紧锁）就是至少家还在啊……其实我也不想离婚，犯错的又不是我。可感觉这桌人知道我丈夫出轨，他们在背地里笑话我，这让我感觉很难受。

安心：什么样的难受？

芳子：（委屈）就是那种……被人戳脊梁骨的感觉——我丈夫不爱我，而是去爱别的女人，这让我很没有尊严。

安心：这些人是谁呢？

芳子：亲戚、朋友、路人，甚至是全世界。

来访者将内心不被爱的羞耻感投射在全世界人的目光中。即使丈夫平时对她照顾有加，也弥补不了这种羞耻感给她带来的恐惧。她需要用被爱来证明自我价值，这也是她缺乏自我价值感的表现。

疗愈第 4 步：抽一张东真图，代表不离婚的坏处

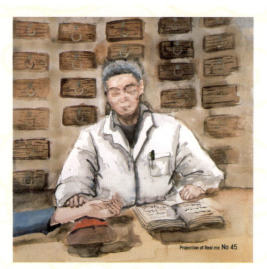

图 4-30　芳子抽的乾 45 号东真图

芳子：（抽图，见图 4-30）

安心：这张图告诉你不离婚有什么坏处呢？

芳子：这个看病的人是我，我正在找医生看看是不是因为我在婚姻中哪里做得不好才导致他出轨。我在想办法医好我的婚姻。

安心：很好，你一直在为不失去这个家而努力着。婚姻是两个人的，需要双方一并调整。如果还是这张图，换成你丈夫来找医生看把脉，你会有什么感觉？

芳子：（思考片刻，摇头）不，他不会来看的。即使是在我的要求下他来了，也不会配合的。

安心：想象这只手就是你丈夫的，看看画面外的他在做什么？有什么表情？

芳子：他在打电话，全是公司的事情。他只关心公司的事情，完全不在乎把脉，就算来了也只是应付一下。即使医生告诉他应该怎么调整，他也不会听的，更不会改变。

安心：很好，那不离婚的坏处是"他不会改变"，你能接受这一点吗？

芳子：（惊讶地瞪大眼睛，双手捂住额头）我的天啊！我的心感觉被狠狠地撞了一下！是啊，我明知道他是不会变的，可我又希望以后再也不要发生这种事。他还经常对我说，他跟其他男人比已经算是很好的了，又没有想离婚。天啊！"接受他不会变"这句话真是让我醍醐灌顶！我之前一直在想着如何改变他！

来访者投射出丈夫的姿态是漠不关心且不会改变的。当这个"不会改变"的信念上升到大脑意识层面后，让来访者受到了巨大的触动。她在潜意识中知道对方不会改变，但这个真相又令她难以接受，因此她忽略、压抑了这个真相，转而去追求如何修复以绝后患。结果，无论怎么修复都与其潜意识中已经知道的答案相矛盾。同时，她也不愿意放弃期待，即"希望从丈夫身上得到被独爱的价值体现"。

芳子：我可能一时还无法接受这个现实。

安心：没关系，这不影响你进行自我探索。刚才你抽了四张东真图，第一张代表离婚的好处，你从获得自由中看到了无法落脚；第二张代表离婚的坏处，你看到乌龟会被淹死的恐惧；第三张代表不离婚的好处，你从"家还在"中看到了被世界取笑；第四张代表不离婚的坏处，你看到对方不会改变。现在，请你再看看这四张图，你又有什么感觉？

芳子：原来我这么弱小，一点也不勇敢。虽然我的物质生活没有问题，但我的心里却满是自卑。我太在意别人如何看我，也不敢面对现实。其实，我是害怕因为我的精神不够独立而不能面对离婚后的生活。

疗愈第 5 步：抽一张东真图，代表最后的选择

安心：抽一张东真图，代表最后的选择。把你的心完全交出去，不用担心会看到什么结果。即使你看到了，也有权选择怎么做，所以不用担心。你只需放松，用第一直觉去与这张图联结，答案自然会出现。

芳子：（抽图，见图4-31）

安心：这张图告诉你最后的选择是什么？

芳子：放弃执念。

安心：执念是什么？

芳子：（声音很有力量）是我不切实际的期待，你看图中的这个人那么努力地想够到外面的这把钥匙好开门出去，就像是我，我也很努力！可是，他够不到的！也根本没必要够到！因为他只要放下执念，站起来看看，转身就是自由！这笼子只有一半啊，只是他不敢而已。

安心：很好，他为什么不敢呢？

芳子：（笑着流泪）怕别人的眼光、怕自卑……

安心：这两点是可以改变的吗？

图4-31　芳子抽的乾27号东真图

芳子：（含泪点头）可以，我相信可以！我要改变！可能它就是来提醒我的吧！

安心：所以，你看到的选择是什么？

芳子：（语气坚定）不离，至少现在不离。就算离，也要等我成为更好的自己之后。

来访者能从图中看到绝境逢生，投射出其内心是灵活的、愿意改变的。在她看到自己真实的心理矛盾后，便能对事情产生新的理解。她的目标和内在都清晰了很多，看到问题本身就是一种疗愈。

疗愈方法及操作步骤

本案例用到了"潜意识的选择"图阵方子（见图4-32），旨在找到内心

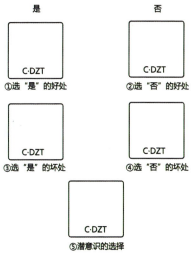

图 4-32 "潜意识的选择"图阵方子

真正的选择、明确目标。当人们面对二选一的选择而犹豫不决时，使用它可以从多个角度探索潜意识，获得对事情更全面的认识，帮助自己做出安稳的选择。

快问快答

问：我想多探索一些需要怎么办？只能用四张东真图来探索吗？

答：在疗愈第1步至第4步中，可以借助多张东真图探索，但要注意，这四步抽的图的数量必须一致。

问：在疗愈第5步，如果害怕看到最后选择的结果怎么办？

答：通常越是重要的事情，我们越难面对，所以在抽最后那张图时，我特意铺垫了一些话来给来访者松绑。有人会觉得，我看到了什么就必须照这样做，所以有可能会害怕。一旦害怕就会感觉不到潜意识，所以我特意说了那段话让来访者的意识获得放松。

问：这个图阵方子除了可以探索是否离婚外，还可以探索什么呢？

答：还能帮我们探索很多，比如，是否辞职、是否买房、是否要去旅游、是否去留学、是否学心理、是否恋爱，等等。

安心语录

人，不应该把自己的快乐押注在婚姻上，更不应该把自己的价值用婚姻来衡量。

婚姻绝不是感情的保险，而是"两个人的江湖"，藏着人性的佛魔两面。

如果仰慕一棵树的高大繁茂，就意味着它的资源丰富，会被藤蔓攀爬，会有鸟儿入巢，会与万物联动。

如何彻底忘掉伤害过我的人

你是否有过想彻底忘掉一个人的想法？此刻你想起了谁？那个人还会戳痛你的心吗？

我在自媒体平台上经常会收到类似这样的私信："老师你好，我可以找你通过催眠忘记一个人吗？我实在太痛苦了，我想永远忘了他／她。"

我会这样回答："抱歉我不能这么做，因为这是职业禁忌，通过催眠忘记一个人会引发更大、更多的问题。比如，自我怀疑、感觉回忆混沌错乱，让人就像傻掉了一样，不知道自己是谁。"

这里有一个有趣的悖论：其实你并不想忘记对方，你只是想用忘记对方的方式停止痛苦。痛苦何来？因爱[①]而生，越痛苦证明爱得越深，爱到深处怎么会想忘记？无非是想停掉求不得的苦。因此，这样的人在潜意识中其实是舍不得忘记的。这很像很多自杀的人，他们并不想杀死自己，而只是想停止痛苦。怎么停？用了很多种办法都不灵，最终只能用极端的方式，即"我不想死，我只是想杀死痛苦"。

在我的直播间里，经常有这种典型的想要忘记曾经恋人的求助者，以下案例来自我与一位50多岁的女性的对话。

案例 4.5

安心：你好，什么问题？

连麦者：你好老师，我的问题是如何能忘了我的丈夫。我不再想跟他有

---

①注意，我们说的是"小爱"，是自私爱，而非大爱的范畴。

任何瓜葛了，也不愿再想起他。可是，我有一个女儿，我怕我这样的行为会影响她未来找男朋友。我女儿今年24岁了，完全不想找男朋友。一说让她找男朋友的事，她就反驳我，说"找个像我爸那样的吗？也骗我30年吗"之类的话。听女儿这么一说，我心里也不是滋味。我很怕因为我没有处理好婚姻，使得女儿也不敢结婚。我为此感到很苦恼，也很纠结。

安心：你们已经离婚了吗？

连麦者：之前我俩去办离婚，没办成，说要有冷静期。结果冷静期过了，他又死活不去了。我实在没想到，这个平时表现得挺好的男人竟然背地里背叛了我30年！这件事还是他的第二个情人跑到我这里，跟我说他和第一个情人的事情后我才知道的。原来自结婚起，他就从来都没有对我忠诚过。他骗了我整整30年啊！结果，他现在还赖着不愿意跟我去办离婚。

安心：那在你心里，已经领离婚证了吗？

连麦者：在我心里？（她看起来从来没想过这个问题，一时语塞，思考了片刻。最终无奈而肯定地说）是的，我心里已经把这个证领了。

安心：嗯，那你现在的问题到底是你自己还是孩子？

连麦者：我自己和孩子都有吧，我就是不想再想起他，很希望能把他从我生命中彻底删除。还有，如何才能不影响孩子未来的婚姻观呢？

安心：几乎所有离婚的人都有一个想法，就是把对方从自己的生命中彻底删除。殊不知，这个念头是让你获得自由的最大阻碍。

连麦者：啊？

安心：你越想删除一个人，他就扎得越深。能忘记的一定是不重要的人，所谓"不重要的人"，就是"我随时可以面对你，并且保持无感"。

连麦者："我随时可以面对你，并且保持无感"……嗯，对，这个心境好，我就是想要这种感觉。

潜意识觉醒：用图解读看不见的自己

162

安心：所以你想把他删除，就意味着他对你来讲太重要了，重要到你不能面对他。

连麦者：对，老师，你说的话让我突然有一种茅塞顿开的感觉。我为此纠结了这么久，听了你说的这几句话后就没那么纠结了。

安心：你的生命很宽阔，宽阔到可以迎来无限可能，何必让自己活窄了呢？

连麦者：他总说"你不相信我"，我说"我信你30年了，结果是什么呢？我接下来的30年还要被你骗吗"。我之前一直都是这样的想法，但是听到你刚刚说的话后，我突然意识到，我为什么要纠结"骗"或"不骗"呢？现在这对我来说不重要了啊，我一下子就感觉想开了。

安心：好，下面我们来聊聊，妈妈在自己的婚变过程中应该给女儿做怎样的示范。

连麦者：这个太重要了！老师，万一她这辈子都不想结婚可怎么办？

安心：一个女孩子为什么期待婚姻？大部分女孩子会觉得我结婚比不结婚要好。而很多女孩子把自己此生快乐与否、幸福与否，用与自己跟伴侣的关系好坏来定义，即"我与丈夫关系好，我就是成功而幸福美好的，反之我的人生就是悲剧的"。这个信念才是问题所在。你要让你的孩子知道，女孩子的一生不是由她的伴侣的好坏来决定的。她的伴侣好，她更好；她的伴侣不好，她也可以很好。当一个女孩子认为"我的人生幸福与否并不完全浇筑在与伴侣关系上"的时候，她就安全了。

连麦者：（着急）我不知道该怎么做呀，老师。

安心：作为女儿的示范者，你在面对伴侣的不好时有两个选择，一是原谅他，继续生活；二是不原谅他，分开生活。注意，分开也是用另一种方式继续相处。这种方式不是作为夫妻，而变成孩子的母亲和父亲角色，只是换了一个身份，你并没有因为换了身份而感到不幸福。这是你的女儿最需要看到的——即使遭遇伴侣的背叛这种不公平对待，你也可以很幸福、无所畏惧。无论婚姻怎么样，你都可以很好，这样你的女儿就可能不再害怕婚姻了；相反，如果你给孩子示范的是"婚姻太重要了，万一你没选对，那你这一辈子就毁了"，那么毁就毁在这个想法上了。

连麦者：对，老师，我女儿现在就是这个想法。

安心：所以你要做的是，让女儿看到，即使你和丈夫分开了也不影响你内在的平和、你的生命质量、你的自我肯定。你要给女儿展示，无论有没有这个男人，你都自由而强大。一个女人的幸福与否是掌握在自己手里的，而不是由丈夫说了算的。这样一来，她才不会对婚姻孤注一掷。夫妻双方都要为各自的人生负责，作为永远的家人，就算离婚了也不过是换个身份继续相互支持，只是要保持必要的边界。如果你做到了我所说的状态，那你不只是圆满了自己，还会因为这个圆满照耀到你的女儿，为她的心里亮一盏明灯。

连麦者：你怎么做到在这么短的几句话里就能让我有这么大的转变呢？这真的是我从来没有想过的角度！我一下子觉得心里有力量了，有一种豁然开朗的感觉。我会一直关注你的直播间的，我今天能和你连麦真是太幸运了！

安心：请记住，妈妈给女儿最大的财富之一，就是活出女性的价值自由感。

安心语录

有些关系就像在你精心描绘的人生画卷上粘了一颗老鼠屎，让你恨不得将它连同那段画卷一起切割掉。

哪怕很疼，可切不掉的恶心一直让你抓狂，越想忘记就越频繁地想起。

真正的遗忘不是想不起来，而是无感。

潜意识觉醒：用图解读看不见的自己

真正的强大不是隔绝，而是容纳。

人生没有遗忘术，但你可以在那污物之上种一朵花，让苦难成为养分，为你的人生画卷开出智慧的花。

心死则道生。

第 5 章

**职业天赋：
发现自我，
实现价值**

作为大部分城市里的普通人来说，是什么贯穿了我们的一生？爱情？亲情？友情？都不是，是职业。职业的重要性对一个人来说并不亚于恋爱结婚，它甚至贯穿了马斯洛需求层次模型的所有层面（见图5-1）：最下面两层的生理需求和安全需求都需要职业创造财富来完成；再上一层的爱与归属需求需要财富与良好社会关系完成；再上一层尊重需求需要社会角色满足；最高一层的自我实现需求需要通过职业为社会创造价值来实现。

本章从确定适合的职业、寻找擅长领域、无法身心统一的几个方面帮助你走向正确的职业道路，少走弯路。

发挥潜能、创造力、实现梦想、解决问题的能力、道德、自我价值

尊重自己、尊重他人、被他人尊重信心、威望、地位、成就

友情、爱情、亲情、社交

人身、家庭、财产的安全稳定的工作、健康的身体

食物、水、呼吸、睡眠、性

自我实现需求

尊重需求

爱与归属需求

安全需求

生理需要

图 5-1　马斯洛需求层次模型

现在的这份工作真的适合我吗

当你提出这样的问题时，意味着你对自己职业的胜任感心存疑惑。可能是来自职业技术本身，也可能有其他原因。

我经常说"找到合适的心理咨询师的难度不亚于找伴侣"，其实找工作也是如此。职业是你人生路上的另一个重要伴侣。因此，在你对这份工作是否适合自己产生疑惑时，是发现真相的好机会。就算错过，也别怀疑自己，勇敢地去探索真相吧！

案例 5.1

雨朦是一名会计，已经参加工作一年了。我们是在一次聚会中相识的。当时正在享受晚餐的她得知我是一名心理咨询师，立马来了兴致，出于好奇问了我好多问题，最终她认真地提了最后一个问题："我如何才能知道现在这份工作真的适合我吗？我发现我这一年的班上得真累，我都有点自我怀疑了。"随后，我们在餐桌边的茶几上做了一次有趣的探索。

疗愈第 1 步：选一张想要探索的东真字

雨朦：（选图，见图 5-2）

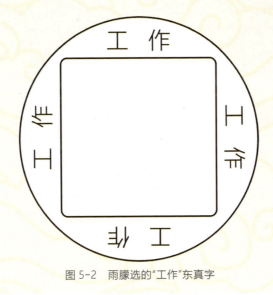

图 5-2　雨朦选的"工作"东真字

安心：这个图组让你有什么感觉？

雨朦：第一感觉就是要学的东西还很多，学校学的知识在工作中根本不够用。

安心：当你在工作中感到知识不够用时，你有什么感觉？

雨朦：学呗，虽然是有点压力的，但也还好。

安心：在学习职业技术方面，你觉得自己还是能胜任的。

雨朦：（点头）嗯，问题不大。只是这张图下面那里放了一把小刀让我觉得难受。

安心：你觉得最下面的部分是一把小刀，让你觉得难受。那是一种什么样的难受感？

雨朦：（迟疑）说不上来，就像有人故意把它放在这里，而且也不把刀口合起来，这样很容易伤到别人。

图 5-3　雨朦抽的坤 51 号东真图和"工作"东真字图组

安心：这种感觉熟悉吗？

雨朦：（点头）有点像被人在背后陷害的感觉。

安心：当你说起这句话时，你的脑海里浮现出了什么人、事、物？

雨朦：（惊讶地瞪起眼睛）哦哦哦，我知道这种感觉。我同事在和我交接工作的时候，把公司的重要材料放在了会议室桌上，结果领导刚好经过且被他看到了，就批评责问起来。结果，我同事居然栽赃说是我干的。我都不知道怎么回事就被扣了200块钱！真的气死我了！

安心：嗯，这把刀像是人际关系中的不安全感。

雨朦：是，总感觉吃哑巴亏。

安心：我们再来抽一张。

雨朦：（抽图，见图5-4）

安心：关于你的工作，你如何看待这个图组？

雨朦：我觉得这个图组和我的工作非常贴合。会计工作是很缜密的，不

图5-4　雨朦抽的坤4号东真图和"工作"东真字图组

仅环环相扣，还要有大局观。这也是我很喜欢会计工作的原因吧。

安心：你觉得拿棋子的这只手可能是谁的？

雨朦：（笑）是我的呀，我正心无旁骛地下棋。

安心：感觉一下你的对手是什么状态？

雨朦：对手……也很认真，我们实力相当。

安心：很好，我们再把画面拉大一些。在你们周围有什么吗？

雨朦：（皱起眉头抿着嘴）周围有很多人在看我们下棋，但是七嘴八舌的，很讨厌。

安心：你感觉他们会说什么样的话？

雨朦：就是瞎出主意、瞎指挥，还个个觉得自己技术了得。还有些人说话阴阳怪气的，想忽悠我走错棋。

安心：这个场景和你的工作有什么联系吗？

雨朦：你别说，还挺像我工作时候的心情的。关于工作中的人际关系，的确很让我心烦。

安心：很好，我们再来抽一张。

雨朦：（抽图，见图5-5）

安心：你怎么理解这个画面呢？

雨朦：（皱着眉，笑）怎么还打上官司了呢？

安心：只用你的感觉，不用讲道理。你认为是发生了什么才打的这场官司呢？

雨朦：我觉得是他们在扯皮，可能是犯了什么错，但说不清是谁的责任，因此要打官司。

安心：你感觉在这场官司中最难的部分可能是什么？

雨朦：我觉得最下面这个人被冤枉了，他是被陷害的。最难的部分可能

潜意识觉醒：用图解读看不见的自己

图 5-5　雨朦抽的乾 71 号东真图和"工作"东真字图组

是关系太错综复杂吧，不知道谁说的是真话。

安心：非常好，这三张图解读完了，总体看来你有什么发现吗？

雨朦：（看了一会儿，歪头笑）奇怪，这三张图好像都是在说单位的人际关系方面的问题。

安心：你似乎很不擅长处理单位里复杂的人际关系，这给你带来了不少困扰吧？

雨朦：确实是。我这人不善辩，遇到伶牙俐齿的人就会感到自己很无助。我在工作中总被欺负，还莫名其妙地背了好几次锅，气得我晚上都睡不着觉。

安心：你觉得这三张图告诉你，你对自己职业的怀疑来自哪里？

雨朦：应该是来自处理人际关系的能力方面。

安心：我们再来回顾这三张图。第一张图，在你认为自己能胜任的职业技术方面，遇到的挑战是小刀，也就是人际关系的尔虞我诈。第二张图，你很喜欢这个职业，也是能胜任的，工作压力不算很大，但你遇到的挑战是旁边那些七嘴八舌的人，说到底还是人际关系错综复杂。第三张图，你看到自己被冤枉，最难的部分依然是人际关系的真假难辨。因此，你的不胜任感来自处理人际关系，而不是职业本身。你无须怀疑自己选的职业，你只是不善于让旁边的人闭嘴。在工作中，敢于维护自己、善于处理关系，也是非常重要的一部分。既然知道了自己存在什么短板，那么尽力去补短板就好了，没什么大不了的。其实，所有职场人都是这么过来的，包括你身边看起来很厉害的人，刚入职时也和你差不多。

雨朦：（两眼放光）天哪，听你这么一说我心里敞亮多了。我最近还在想要不要辞职，现在一下子看清问题就有方向了。这三张图好贴切啊，真有意思！

案例分析

假象： 对是否胜任工作的自我怀疑。

真相： 深度社会化过程的生长痛。

社会化就是由自然人到社会人的转变过程，每个人必须经过社会化才能使自己的社会行为规范、准则内化为自己的行为标准，成为社会的一员。只有人类才会有社会化，它涉及两个方面：一是社会对个体进行教化的过程；二是与其他社会成员互动，成为合格的社会成员的过程。社会化越好的人，往往人格发展越健全。同时，社会化也是帮助个体发展出健全人格的重要一步。

来访者投射出对会计职业是有胜任感的，只是社会化方面的欠缺让其自我怀疑。家庭往往是个体最初的社会化的环境，孩子通过内化养育者对他的态度来认识自我，并会按养育者的期待来调整自己的行为。

随着个体的成长，家庭关系中的自我会延展到社会中。比如，一个在家

潜意识觉醒：用图解读看不见的自己

里很渴望得到父母关注的人，在单位也会表现出渴望领导赏识的状态；在家里和父亲这样的权威关系融洽平等的人，在单位也不会对领导诚惶诚恐。

来访者在第二张图中对下棋对手的投射是，对方很认真且与自己水平相当。这呈现出其潜意识中对自己职业技术的认可与自信，也表现出来访者只想埋头认真做自己喜欢的事，并不愿意参与复杂的社会化。边界感弱、无法在情绪里有力地表达自我、害怕正面冲突，这些都从侧面表明来访者可能有一个心理能量很弱的母亲，也是来访者需要成长的部分。

东真字给探索议题提供了一个靶向，文字是左脑负责的，画面则是右脑负责的。当一个图组出现的时候，左右脑开始协调工作。

疗愈方法及操作步骤

本案例用到了"主题与联想"图阵方子（见图 5-6）。

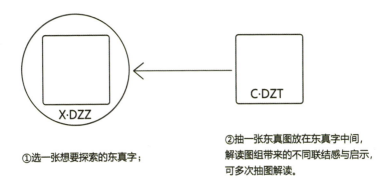

主题与联想 （给潜意识一个你感兴趣的目标话题，它会打开什么样的新维度）

X·DZZ

C·DZT

①选一张想要探索的东真字；

②抽一张东真图放在东真字中间，解读图组带来的不同联结感与启示，可多次抽图解读。

图 5-6 "主题与联想"图阵方子

快问快答

问：如果我想探索的问题在东真字中找不到怎么办？

答：找一张白纸写下来，你想写什么就写什么。

问：为什么是抽三张图？有什么说法吗？

答：这是根据探索结果来定的，我觉得三张图已经可以得到结果了。但如果你有时觉得三张还不够，那么可以酌情增加数量。

问：是不是社会化能力不好就代表人格不健全呢？

答：刚步入社会不久的年轻人正是需要社会化来帮助其完善人格的时期。如果已到中年还没有很好的社会适应能力，就可能在人格形成方面存在不足。

问：这个图阵方子还可以用在哪些问题上呢？

答：无论什么问题都可以用这个简单方法来探索。

安心语录

人情世故怎能不算是一种职业技能呢？

虽然它不考试也不发证书，甚至没教材，却一上岗就要拼成绩。

这个技能是从小就开始学习的，一开始爸妈教，后来学校教，最后用职业来检验和深造。

人的快乐来自人际交往，痛苦亦是。

与外界的关系往往隐射与自我的关系。你和自己的关系，才是痛苦与快乐的真正根源。

潜意识觉醒：用图解读看不见的自己

如何找到自己擅长的领域，轻松超越别人

每个人天生都有自己擅长的领域，只是有些人擅长的领域还没有被挖掘出来。如果你现在的工作让你深感吃力又成绩平庸而且毫无成就感，那么恭喜你在看完以下内容后，将借助潜意识的引导，看到自己擅长的领域。

顺应天赋，去做生来就比别人强的事。

人生就像开个账号打游戏，虽然新建人物时你是不自知的，不了解自己是"肉盾"①还是"法师"②。不过，每个人的天生属性一定是不一样的。如果你是"法师"却非要做"肉盾"，那么肯定吃力又挂得快，因为这与你的天生属性相背。如何看到自己的属性？以下案例介绍了如何借助东方真我图来解锁天赋。

案例 5.2

晓霜是一个勤恳、纯良的女孩。她是一名公司白领，工作努力，能自力更生，但总觉得对这份工作提不起兴趣，想找一个更适合自己的职业，哪怕是现学也可以。她说："只要能干着有劲儿又有成就感就行，我不想让这一生过得无聊又惨白。"

疗愈第 1 步：找到几个可能的职业方向

安心：抛开一切现实层面，说出三个你想做的职业。不用考虑你是否擅长，

---

①肉盾，又被称为"坦克"，指电子游戏中负责承担伤害、吸引敌人的角色，通常具备生命值高、防御力强等特点。

②法师是电子游戏中拥有强大魔法能力来攻击和防御的角色。有高度的智慧和技能。缺点是血量少，防御能力弱。

你从小到大的想法都可以说出来。

晓霜：我想当一名服装设计师，还想当一名心理疗愈师，或者开一家鲜花店。

安心：很好，我列出一张表，帮你做记录，稍后我们将探讨每种职业你喜欢和讨厌的特质（见表 5-1）。

表 5-1　　　　　　　　　　　　　　探索信息记录表

服装设计师		心理疗愈师		鲜花店主	
喜欢	讨厌	喜欢	讨厌	喜欢	讨厌

疗愈第 2 步：抽八张图，代表喜欢的职业特质

安心：请你抽八张东方真我图。请一定抛开理智分析，仅凭直觉回答我的问题。这八张图代表了你最喜欢的职业有什么特质，你也可以用一个形容词来表达。

晓霜：[经过三分钟身心放松后，晓霜带着问题，静心宁神地抽出了以下八张图（见图 5-7）]。

安心：先看第一张图，你的第一直觉代表你喜欢并擅长的职业有什么特质？或者它能带给你什么感觉？

晓霜：（毫不犹豫地）自主性，也就是说，这个职业能让我有发挥的空间。

安心：0~10 分请你用为自主发挥空间对你来说的重要程度打分，0 分代表最不重要，10 分代表最重要。

晓霜：我想打 7 分。

安心：看来你还是很有自己的想法的。你觉得三个职业中的哪个能满足这个条件？

图 5-7　晓霜第一次抽的八张图

图 1~8 分别是，乾 13 号东真图、坤 40 号东真图、坤 1 号东真图、乾 1 号东真图、乾 23 号东真图、坤 50 号东真图、坤 45 号东真图、乾 51 号东真图。

晓霜：（考虑片刻）心理疗愈师和鲜花店主吧，服装设计师需要根据客户的需求反复修改设计。

安心：[将得分和关键词记录在表中（见表 5-2）]

安心：请看第二张图，你有什么感觉？

晓霜：（眼中闪着光）这是我很喜欢的状态，我希望自己能给别人带来价值。希望有一天，我也能站在讲台上。嗯……虽然我不知道自己在讲什么，

表 5-2　　　　　　　　　　解读第一张图后的记录

服装设计师		心理疗愈师		鲜花店主	
喜欢	讨厌	喜欢	讨厌	喜欢	讨厌
		自主发挥 7		自主发挥 7	

但这样的自己让我特别憧憬（害羞地笑）。

安心：0~10分，你会为讲台上的价值感打多少分？

晓霜：打9分。

安心：[填入表中（见表5-3）] 这么高，看起来社会价值感对你很重要。哪个职业能满足这一点呢？

表5-3　　　　　　　　　　　　　解读第二张图后的记录

服装设计师		心理疗愈师		鲜花店主	
喜欢	讨厌	喜欢	讨厌	喜欢	讨厌
		自主发挥 7		自主发挥 7	
		讲台价值感 9			

晓霜：可能这也是我想辞职的原因吧……嗯，好像只有心理疗愈师能满足这一点了。其他两个好像也可以，但是不如心理疗愈师更有普适性。

安心：第三张图让你感觉到了什么特质？

晓霜：获得希望和力量，我很喜欢这张。你看，我沐浴在爱的能量中。

安心：是职业能让你获得希望与力量，还是让你能给别人这样的力量？

晓霜：应该是职业给我的吧，我也希望可以再继续给别人。

安心：听起来不错，这一点的重要程度打几分？

晓霜：（兴奋）10分！我这辈子要是能做到这一点就圆满了。

安心：对于这么重要的部分，哪个职业能满足？

晓霜：（仔细看表格，笑）天啊，怎么还是心理疗愈师呀，现在就能看出些端倪了。

安心：（笑）接下来，请你依次完成剩余图的解读，我会在表格中记录信息（见表5-4）。

潜意识觉醒：用图解读看不见的自己

表 5-4 关于喜欢的特质，解读八张图后的记录

服装设计师		心理疗愈师		鲜花店主	
喜欢	讨厌	喜欢	讨厌	喜欢	讨厌
		自主发挥 7		自主发挥 7	
		讲台价值感 9			
		获得希望和力量 10			
清静安宁 6		清静安宁 6			
正义感 5		正义感 5		正义感 5	
		智慧 7			
帮助别人 8		帮助别人 8		帮助别人 8	
		被需要的 7		被需要的 7	
喜欢 19		喜欢 59		喜欢 27	

疗愈第 3 步：再抽八张图，代表讨厌的职业特质

安心：接下来，请你再抽八张东方真我图。同样是要抛开理智分析，仅凭直觉回答我的问题。这八张图代表了你讨厌的职业特质，你也可以用一个形容词来表达。

晓霜：（抽图，见图 5-8）

安心：请看第一张图，凭直觉来说，这张图代表了职业中有什么样的令你感到排斥、讨厌的特质？

晓霜：带着职业的眼光，我看到的是"爱作"两个字。我特别讨厌工作中一会儿一变的，感觉就是变着法地作，朝令夕改的工作方式让我很崩溃。

安心：这张图代表什么特质呢？

晓霜：很被动，因为对于规则没有自主性。

图 5-8 晓霜第二次抽的八张图

图 1~8 分别是，坤 23 号东真图、乾 12 号东真图、坤 31 号东真图、坤 33 号东真图、坤 10 号东真图、坤 52 号东真图、乾 53 号东真图、坤 59 号东真图。

安心：规则经常变动、没有自主性，你给这个讨厌的特质打几分？

晓霜：8 分。

安心：哪个职业会有这种情况？

晓霜：好像……只要不上班或自己当老板，就能规避这个问题了。这么看来，只有服装设计师是必须要上班的。

晓霜依次解读剩余的七张图，安心将信息记录在表 5-5 中。

安心：以上是我们探索之后的结果，你看后有什么感觉？

晓霜：（惊讶）感觉竟然可以这么直观啊！就像把我内心的感觉铺在桌面上一样，而且还很清晰。我最喜欢心理疗愈师，最讨厌服装设计，二者原来差别那么大。我的天，我还以为我要开花店呢！我的路一下子就明确了。

表 5-5　　　　　　　　关于讨厌的特质，解读八张图后的记录

服装设计师		心理疗愈师		鲜花店主	
喜欢	讨厌	喜欢	讨厌	喜欢	讨厌
	规则变动、不自主 8	自主发挥 7		自主发挥 7	
	拍马屁、敬酒 8	讲台价值感 9			
		获得希望和力量 10			
清静安宁 6	成绩被拿走 8	清静安宁 6			
正义感 5	办公室人际关系复杂 9	正义感 5		正义感 5	
	背后议论 8	智慧 7	背后议论 8		
帮助别人 8	事情又多又杂 4	帮助别人 8	事情又多又杂 4	帮助别人 8	事情又多又杂 4
	舍弃想法 7	被需要的 7		被需要的 7	
喜欢 19	讨厌 52	喜欢 59	讨厌 12	喜欢 27	讨厌 4

案例分析

　　喜欢和讨厌除了是个体对职业的内在期待外，也是对其自身人格特质的探索。人格特征相当于游戏里的人物属性。性格往往决定了适合的职业方向。一个喜欢艺术创作的人往往是当不好会计的。

　　职业需顺势而为，这个"势"有两个层面：

· **相对天赋**：个人的势，即就个人而言，你的长处就是你的势；

· **绝对天赋**：和大众水平比，你的长处就是你的势。

绝对天赋更强调的是超乎常人的特质，比如，有些人天生直觉力超强、学东西超快、嗓子如同被天使吻过，甚至三岁就知道自己的天赋是什么、想从事什么事情。然而，更多的是相对天赋，这是需要挖掘和培养的。在这个案例中，我们探索的是相对天赋。

当然，"喜欢"并不代表"擅长"，反之亦然。你需要从"讨厌"的部分中看到自己需要承担的部分。比如，从定时上班变为自由职业，这意味着你需要具备自我规划和执行的能力，并能承担不够自律的后果；不在单位拍马屁、敬酒，意味着你要寻找更多的社会资源并保持良好关系；工作成绩不再被别人拿走，意味着你的成绩不再有基本工资保底。你可以梳理出一套需要改进的内容，让你的天赋更好地落地生根。

你可能会说"我真的什么天赋都没有"，这说明你很可能没有识别出自己的天赋。不是所有天赋都是显而易见且惊艳的，很多天赋会显得相对"平凡"一些，且需要挖掘，但只要充分利用就同样能成就精彩的一生。

如何挖掘并发挥相对"平凡"的天赋呢？

把你的优点写下来，无论这个优点有多小。然后，选出其中你特别擅长且无师自通的优点。比如，你特别擅长吃，那就可以做个美食鉴定博主。又如，你特别擅长当个"和事佬"，那就可以梳理出自己的一套方法论——和事之道，然后做成课程帮助别人甚至是组织培训等。总之，无论多么平凡的天赋，只要用对了就能让你成为沙子里的金子。

疗愈方法及步骤介绍

本案例用到了"职业与兴趣天赋"图阵方子（见图5-9）。这个方子通常由16张图组成（根据实际情况，你也可以通过增加图的数量来获得更全面的

潜意识觉醒：用图解读看不见的自己

信息）。你也可以先列出自己的优点，找到不费劲就可以完成的事，并设想几个职业进行探索。

图 5-9 "职业与兴趣天赋"图阵方子

快问快答

问：对于先后两次各八张的东真图，是盲抽一张解读一张，还是都抽完再一起解读呢?

　　答: 都可以。

　　问: 为什么案例中来访者关于讨厌的部分少了一个词?

　　答: 因为她对第三张的解读是"没有出路",她认为这三个职业都有出路,所以没有写进表格中。

　　问: 在把讨厌的部分整理出来后,如果我发现自己的能力还不足以胜任,怎么办?

　　答: 恭喜你,这让你有努力的方向了,有些能力是需要实战才能学会的。发挥天赋有一个秘诀,就是"去做"!

　　问: 我喜欢玩游戏,可要是让我把它当作职业天天玩,我就不喜欢了,怎么办?

　　答: 只能说这并不是你真正喜欢的,更不是天赋了。天赋是你忍不住想深耕,或者说哪怕只是设想深耕的过程也很喜欢。比如,有人擅长吃,就想象自己吃遍全省、全国乃至全世界,成为鉴定无数美食的大博主,心里都能乐开花了。只有你对这个过程和结果很喜欢,才算得上是天赋。

　　问: 还有什么方法可以探索天赋,老师可以推荐一下吗?

　　答: 近几年很火的 MBTI 人格测试,也可以帮助你清晰地了解自己。我的测试结果是 INFJ-A,适合的职业有心理咨询师、临床心理学家、艺术家、作家、人力资源等,目前这几样工作我全占了。我还想提醒你的是,无论什么测试,对你来说都只是一种辅助。

安心语录

天赋非异禀，平凡亦生辉。

你是流动的、变化的，你可以是天地万物。

天赋因你的状态与信念而有完全不同的呈现。

将自己立于家庭，天赋可能是整理；

将自己立于公司，天赋可能是会计；

将自己立于天地，天赋可能是悟道。

明明是对的选择，可为什么让我提不起精神

你是否觉得奇怪：明明大家都推崇"有理走遍天下"，可为什么很多道理卡在了心里，不但走不通，还不明所以？其实，道理通是基础，心里通才是根本。当道理讲不通时，往往是因为人的心里藏着连自己都不知道的秘密。因此，我们中国人注重"讲道理"，但更"通情理"。通别人的情理不算难，难的是通自己的。你看完下面这个案例就会明白，道理是如何卡在心里，又是如何被疏通的。

案例 5.3

陆雪找到我时，她正从事销售工作，业绩不错，家人对她也很满意。最近有一个更好的就职机会等着她——更优的待遇、更好的发展空间。她也理所当然地决定跳槽，奇怪的是，明明是对的选择，可她居然感受不到一点欣喜。家人和朋友们的雀跃衬托出她格外冷静。陆雪想不通，自己为什么就是对此

提不起精神。

安心：家人支持你跳槽吗？

陆雪：支持，他们可开心了，一直催我赶紧跳槽。可是，我也不知道为什么，最近一点精神都没有。

安心：你觉得你迟迟不行动的原因可能是什么？

陆雪：可能是我怕自己太累吧？嗯……其实也还好，根据对方开的条件来看，没有加大工作量。

安心：还有其他可能吗？

陆雪：不知道，我想不出来。我男朋友都听我的，他说无论我最终怎么决定，开心就好。

安心：好，接下来我们将去你的内心深处看看。

陆雪：（微笑）好呀，我还有点激动呢。

安心：（微笑）你只要放松就好了。现在检查一下你的身体，有没有哪个部位是紧张的，让它放松下来。可以闭上眼睛进行。

疗愈第 1 步：放松身心，更好地进入到潜意识工作

安心：（放松的详细步骤见第 1 章）

陆雪：[睁眼，看图（见图 5-10）]

疗愈第 2 步：用东真图引导来访者进入画面情景中，用两次睁眼深入潜意识状态

安心：把这张图印在你的心里，闭眼……你会感觉更放松了。现在，在你的内在呈现出这张图，告诉我你看到了什么？

陆雪：是楼梯，好长的楼梯，向上通着一扇门，门里发出金色的光，很漂亮。

安心：很好，你还能看到什么？

陆雪：就这些了。

图 5-10 乾 56 号东真图

安心：接下来，我会再次邀请你睁开眼睛，你会再看见这张图。你不需要看得非常仔细，只需将这张图印在心里。当你再次闭眼的时候，你会进入更放松的状态，也会从内视画面中看到更完整的图。好，轻轻睁开眼睛……再次闭眼……你更放松了，告诉我你现在看到了什么？

陆雪：画面更清晰了，楼梯两边是蓝色的天空，很晴朗。

安心：很好，接下来，我们会轻轻走上这个楼梯。一直走到那扇门，门里面是你最适合做的职业，你会看到一些场景是你内心最渴望的。放弃任何思考，什么都不用想，等待一切自然而然地出现。

陆雪：好。

疗愈第 3 步：上楼梯数数法，深化稳定潜意识状态，通过观察着装呈现内在投射

安心：现在，你看着脚下的楼梯，看着你的脚一级一级地踏上楼梯，每上一级你就会感到更加放松……你能感觉到脚踏在楼梯上的感觉。我会数十个数，每数一个数你就上一级，每上一级你就会感到更放松。一，很放松……
二，更放松了……三，你能看到自己的脚……四，画面越来越清晰……五，
更清晰……六，你能抬头看到那扇门……七，你置身其中……八，很放松……
九，更放松……十，最放松……你做得很好。在到达那扇你最理想的职业之
门前，你已经穿上了这个职业的衣服。请帮我看看，你穿的是什么？

　　陆雪：我……穿着一条纯白色的连衣裙，头发散着。我……的鞋消失了，
没穿鞋。

　　安心：在这之前你穿鞋吗？

　　陆雪：是的，穿的是……黑色皮鞋。

　　安心：很好，衣服有什么特别的地方吗？

　　陆雪：很宽松，是我很喜欢的款式……有设计感。我的头发是……爆炸头，
我的脚上有……一串很漂亮的脚链。

　　安心：你喜欢这样的自己吗？

　　陆雪：（欣喜地微笑）喜欢……很喜欢……

　　安心：你觉得你现在是什么职业呢？

　　陆雪：（有些激动）我……我……

　　安心：放松，不管你感觉到什么，都可以真实地说出来，你很安全……

　　陆雪：（颤抖中夹杂哭声）服装设计师，我是服装设计师……我以为我
已经放弃了这个梦想，我以为我接受了"能挣钱才是王道"……

　　安心：嗯，很好。告诉我现在你离那扇门还有多远？

　　陆雪：很近了，我能看到门的样子。

　　安心：继续上楼梯，越上越放松。当你站在门口时，请告诉我。

　　陆雪：（片刻后）老师，我站在门口了。

　　安心：你看到了一扇什么样的门？

陆雪：它是木质的，上面雕刻着花纹，很复古。门把手很古老……门边上有金色的光透出来，还在动。

安心：接下来，我会数三个数，当我数到三的时候，你会推开这扇门，看到一个场景。这个场景你不用去想，它会很自然地呈现出来。你只需知道，它是你最合适的职业。一，当推开门时，你会看到最合适的职业场景……二，把你的手轻轻地放在门上……三，推开门向前走……告诉我你看到了什么？

陆雪：好美……好美……我在山顶的一片空地上，那儿很高。身后有我住的小木屋，我有好多布料在衣架上挂着。地上是厚厚的草，远处有山有河……阳光很舒服……金色的……一点儿都不刺眼。

安心：你去四周走走，还能看到什么？

陆雪：（微笑）我男朋友在屋子里忙些什么，好像是在帮我收布料……（下巴微颤，边笑边流下了两行热泪）他一直很支持我做自己喜欢的事。

安心：做销售你开心吗？

陆雪：（笑）不开心，但是做销售的确能挣到很多钱。我家里人都劝我，能挣钱的才算是好工作。我一直以为这么多年来我已经放弃理想了，原来我没放弃……

安心：现在你想在这里做些什么吗？

陆雪：（一边擦眼泪一边微笑）我很喜欢这里……我想躺在这里……打个滚。

安心：可以啊，去做吧。

陆雪：（像个孩子似的，闭上眼睛，抬起双手，心满意足地微笑着，摇晃着身体，想象自己在草地上打滚）

疗愈第4步：排除自我实现中的阻碍

安心：现在，在这么美好的场景中，会出现一件打破它的事，帮我看看会发生什么。

陆雪：我爸爸来了，他要逼我下山……他的意思还是让我做销售，这样才能挣很多钱。

安心：你是什么感觉？

陆雪：我……不想去……可是……我又不想让他失望。

安心：看着爸爸的脸，问问他"我让你失望了吗"，听听他怎么回答你。

陆雪：他说"没有"，他只是想让我过得好，还说女孩子要独立。

安心：告诉爸爸，你想通过做自己喜欢的工作来实现独立，你很希望他能支持你。

陆雪：他说他不懂这行，无法给我帮助。

安心：你更需要谁的帮助？

陆雪：我男朋友，他一直很支持我。

安心：让他过来，在你身边。

陆雪：好，他在了。

安心：现在，我要你在男朋友的支持下去面对你的爸爸，为自己热爱的事据理力争一次。把你的心里话讲出来。注意，一定要看着爸爸的脸说。

陆雪：爸……我不想让你失望……（话音未落，已情不自禁地流泪）从小到大，你为了我都没有再婚。爸……我很想你能高高兴兴地生活。你说什么，我都尽可能听你的。可我觉得我还是想做服装设计，这是我的梦想。我这么年轻，还有尝试的机会。爸……你相信我，我既然能干好销售，那么我肯定也能干好自己喜欢的事。而且，我男朋友也很支持我，我们有一些积蓄。爸……你不用太担心，就让我试试吧。

安心：爸爸有什么反应？

陆雪：（笑）他同意了，他说听我的。

潜意识觉醒：用图解读看不见的自己

安心：深深地体会此刻的感觉，你是可以为自己的理想勇敢地表达的，你是可以通过自己的力量达成目标的。

陆雪：（微笑中带着坚定地点头）嗯！

有了这样的心理建设，在咨询结束后，陆雪给爸爸打了电话，勇敢地将心里话说了出来，最终获得了爸爸的理解和支持。

案例分析

假象： 表面上是做了理智且正确的决定。

真相： 实际上是真我与假我之间的矛盾。

"真我"与"假我"是英国心理学家温尼克特提出的概念。假我是指个人对自己的理解和描述的不真实感，是一种虚假的观念。这个概念往往是为了适应特定情境或社会压力而创造的，并不能真实地反映一个人的真实本质或真实感受。在这个案例中，陆雪迎合了爸爸灌输的价值和社会大方向的价值观念，形成了更适应生存环境的假我。如果长期依赖假我，人就会像戴了很久的面具，模糊了真我的模样。如果无法自我认同、知情意无法协调统一，那么又谈何心理健康？身体的感觉只会越来越麻木，宛如行尸走肉。如今，大部分职场人为了适应生存环境，都或多或少地带着些假我。这是一种自我保护的策略，但重要的是，你也要摘下面具并具备成为自己的能力。

在这个案例中，陆雪从一开始穿着鞋到没有穿鞋，也是从假我到真我转变的象征。她联想到自己在山顶的一片空地中，投射出她并不喜欢很多人，希望能远离嘈杂的人群，只留下重要的人和事。爸爸作为破坏者的角色出现，也是来访者与重要关系的突破。其实，爸爸很爱陆雪，只是把自己的认知和挣不到钱的焦虑带给了女儿。

如果你也做了一个看似正确的选择却提不起精神，那么可能存在以下原因（见表 5-6）。

表 5-6　　你做了看似正确的选择却提不起精神的原因

原因	心声	内心如何调整
大脑与潜意识在打架，决定违背了真我	会不自觉地从身体、心情甚至做梦等方式来表达真我，但这个过程可能不自知	只有找到真我、面对真问题，才会真改变。建立头脑与潜意识的联结，统合矛盾
走出痛苦的舒适圈，面对未知的恐惧	虽然我知道选择是对的，但原本的痛苦是我熟悉的，我的改变和突破让我有一种不能掌控的感觉，我害怕不熟悉	选择建立一个新的熟悉模式，让自己更好地待在里面
承认自己之前都错了	虽然我知道选择是对的，但是我不愿意承认我之前错了，因为这就等于承认自己做了那么久的傻子	之前可能并没有错，只是现在的选择更适合不断发展和变化的自己，过去的认知配不上现在的自己
被太大（或太多）的目标压死了	我要用巨大的成绩来弥补过去的错误损失，可我的目标太大（或太多）了，看着就头痛	目标可以远大，毕竟可以用一生去实现它。做个计划，把最重要的找出来。也许你会因此结识更多志同道合的朋友，领略更多未见的风景

潜意识觉醒：用图解读看不见的自己

快问快答

问：只能用这一张图来解决这类问题吗？

答：案例中用到的这张图常常被用来让来访者探索真我。当然，也有很多人看到的并不是楼梯，而是金字塔或其他的。也可以使用其他图，但这张图的设计更适合。

问：每个人在关于自我实现的部分都会遇到阻碍吗？

答：不一定，但大部分人都会遇到，只是阻碍的严重程度不一样。因为如果没有阻碍，就不存在成为假我了。这一步很关键。

安心语录

你会如何衡量这一生的意义？

是用自己的日子过别人的生活，还是对人生意义有独特的领悟与坚守？

如果你的真我有很多欲望，那么你该成为欲望的奴隶，还是不甘心被世俗摆布？

赋予你的生命以独特的价值意义，成为你自己，那个浩然于天地之间的你。

别怕，你远比自己想象的要强大得多。

第 6 章

财富金库：
内在丰盛，
才能吸引
财富

我们在潜意识中往往会赋予财富很多意义，这些可能是我们自知的，但也存在着不自知的阻碍和偏见，它们会融入我们的思想和行为之中。

本章将从财富信念障碍、财富与安全感、仇富等几个角度帮助你理解你的内在与财富存在着的深层关系。只有打通阻碍，方能财源广进。

是什么阻碍了我变得富有

在心理咨询中，常常有来访者探索与财富的潜意识阻碍相关的问题，且探索出来的真相千姿百态。请仔细看图 6-1 中的每一条文字，并留意你在看这些文字时你的内心有什么感受，如果有类似心被戳动的感觉，就说明你可能也有类似的信念。别怕，请勇敢地去试试，如果发现你有这样的信念也是一件好事。

当你与财富之间存在隔阂时，第一件事就是找到潜意识中不自知的真

图 6-1　一些关于财富的信念

潜意识觉醒：用图解读看不见的自己

相，而不是盲目地在渴望中苦苦挣扎。接下来的几张东真图（见图6-2至图6-4），都很适合探索关于财富的潜意识（当然，借助其他的图也可以），你可以来做几个练习。

<h2 align="center">练习</h2>

请放弃思考，凭直觉去看图6-2。

如果这张图代表了"你与财富之间的阻碍"，那么你从中看到了什么？

我看到：_____

如果这个阻碍会说话，那么你会听到什么？

我听到：_____

这些话像是生活中的谁说的？

像是：_____

图6-2　乾42号东真图

解读潜意识真我

以下解读方式是针对大多数情况的，并不能完全覆盖所有情况，具体问题还需要具体分析判断。

- "我看到"通常可能投射出关于财富的内在负面情绪。比如，如果人在潜意识中认为钱是污秽的，就可能会看到一个内心龌龊肮脏的人；如果人在潜意识中认为有钱会招来噩运，就可能会看到一个有危险且富有攻击性的人。
- "我听到"通常可能投射出阻碍来自哪个具体方向。比如，如果来自不配得感，人就可能会听到类似贬低攻击自我价值的话；如果来自不想借钱给别人，人就可能会听到类似掠夺的话。
- "像是谁在说"通常可能投射出这个信念最早的来源。

接下来，请放弃思考，凭直觉去看图 6-3。

Projection of Real me No 60

图 6-3　坤 60 号东真图

你觉得这个画面中正在发生什么？

正在发生：＿＿＿＿＿＿＿＿＿＿＿＿＿＿＿＿＿＿＿＿＿＿＿＿＿

你觉得是什么原因导致了画面中的事？

可能是因为：＿＿＿＿＿＿＿＿＿＿＿＿＿＿＿＿＿＿＿＿＿＿＿＿

这个画面给你什么样的感觉？

我感觉：＿＿＿＿＿＿＿＿＿＿＿＿＿＿＿＿＿＿＿＿＿＿＿＿＿＿

如果画面动起来了，你觉得可能会是什么样的？

可能会：＿＿＿＿＿＿＿＿＿＿＿＿＿＿＿＿＿＿＿＿＿＿＿＿＿＿

解读潜意识真我

以下解读方式是针对大多数情况的，并不能完全覆盖所有情况，具体问题还需要具体分析判断。

- "正在发生"通常可能投射出人的内在是否对钱敏感，有些人可能看到的并不是钱，而是其他东西。比如，一个人正在给另一个人递一把水果刀或是小本子之类的。大部分人看到的是两个人在交接一沓人民币。

- "可能是因为"通常可能投射出潜意识中对财富流通的顺畅程度。比如，一方完成了工作后正在收钱，比较顺利。又如，一个人在给另一个人钱，但给的人不想撒手；或者本来应该给三沓，结果只给了一沓。大部分投射都与自己正在经历的或以往经历过的事件有直接关联。

- "我感觉"通常可能投射出自己在金钱关系中的心理位置。比如，感觉很憋屈，因为只要到了一部分钱。又如，感觉很开心，因为合作非常顺利、愉快。

- "可能会"通常可能投射出人对财富动向的潜在信念。比如，收到钱的人可能很快就把钱花光了。又如，收钱的人无法拿到钱，因为对方不撒手。

请放弃思考，用你的感觉去看图6-4。

图6-4　坤2号东真图

如果这张图代表了你内心深处最理想的财富状态，那么你会如何诠释这张东真图给你的启示？

我感觉这张图在告诉我：＿＿＿＿＿＿＿＿＿＿＿＿＿＿＿＿＿＿＿＿＿

财富并不仅仅需要资源、智慧、运气、认知。

安心语录

如果金钱是抽象的快乐，灵魂就是具象的痛苦。

既然痛苦是每个灵魂的主旋律，那么丰富的金钱可以让旋律更有层次变化。

你和金钱的心灵关系，决定了你与财富的实际距离。

潜意识觉醒：用图解读看不见的自己

只要足够有钱，我就会有安全感吗

"你的痛苦大部分都是因为没钱而产生的，钱可以解决你生活中绝大多数的困扰。"在这婆娑世界，大部分人都很认可这句话，也许你也是其中之一。

有多少女性在感情中粉身碎骨，来不及把自己重新拼凑好就含泪踏上赚钱的征途？一路披荆斩棘，心怀"男人不靠谱，唯有钱才靠得住"的信念。这种信念被很多情感博主作为真理散播，也吸引了不少缺乏安全感的女性追随。在我的来访者和学员中，不乏已经实现财富自由的人。已达彼岸的她们，安全感真的被钱填满了吗？

案例 6.1

焉羽是一位拥有一家市值 20 亿公司的女企业家。在她的成长过程中，原生家庭没有给她多少滋养，却让她多次割腕自杀未遂。缺爱的人在挣脱原生家庭后就会疯狂地寻找爱，焉羽也不例外。她从 16 岁开始就到社会上打拼，骨子里"我要证明自己"的声音一直提醒着她。20 岁那年，她做了小生意，开始生计不愁。此时，她迎来了天雷地火的爱情。

焉羽就像一个在沙漠中日夜前进的人突然看到了绿洲一般，像一片干涸的土地迎来了倾盆大雨。焉羽陶醉在第一次体会到被欣赏、关切、迷恋、捧在掌心的感觉中，那是她渴求的爱啊！直到她发现自己的所有积蓄都被这个男人骗光了，她才意识到自己上当了。然而，这一重创并没有打倒她，反而刺激她在事业上更加激进。

她在 24 岁时开店，做自己的品牌，在公司累得晕倒多次但仍一路高歌猛进。30 岁那年，她又与一个私企老板相爱，两人的价值观、人生经历很相似，没多久就结婚了。遗憾的是，两人终究也没有逃开命运的考验——婚后男方公司经营不善，多次向焉羽求助，她都全力以赴。最终，男方公司倒闭，却带着钱与情人跑路。自此，焉羽便水泥封心，再也不相信爱情，只信奉金钱。只要有足够的钱，她就有安全感。她觉得只有钱不会背叛自己，她要用钱来爱自己。

抱着这个信念，17年后，她的公司上市了。可是，早已实现财富自由的她发现自己依然缺乏安全感。曾经觉得10万就能让自己有安全感了，到后来就算有10亿也枉然。她不明白，为什么心里的那个黑洞怎么填都填不满。而且，这个黑洞还生发出更多的空洞感、无归属感、无意义感。财富确实可以在一段时间给她安稳感，但很快就会被不满足感所取代。

带着疑惑与痛苦，焉羽找到了我。

安心：你想解决什么问题？

焉羽：我想找到安全感。

安心：什么时候最让你没有安全感？

焉羽：没钱的时候最没有安全感，还有以前谈恋爱的时候。

疗愈第1步：探索真我眼中的金钱模样

安心：抽一张图代表你眼中的金钱。

焉羽：（抽图，见图6-5）我眼中的钱要多，这张图像一张打开的安全网，可以兜住我。

安心：如果钱不够多，没办法兜住你，那么会怎么样？

焉羽：我会掉下去，会有危险。

安心：闭上眼睛，想象你从那张安全网掉下去了，你会看到什么？

焉羽：我不敢想，感觉黑黑的，很深。

安心：现在你已经到最底下了，你会看到什么？

潜意识觉醒 ：用图解读看不见的自己

图 6-5　焉羽抽的乾 22 号东真图

焉羽：我一个人，周围什么也没有。我穿着很破旧的衣服，快要死掉的感觉（下意识地抚平了一下衣角，又轻轻地抚摸着自己的小臂）。

安心：你的心情如何？

焉羽：不好，我感觉自己被抛弃在这里了（并紧膝盖，轻轻地蜷缩了一下身体）。

疗愈第 2 步：探索真我状态中对期待的金钱的投射

安心：好，现在睁开眼睛。再抽一张图，代表你期待的金钱的样子。

焉羽：（抽图，见图 6-6）这张挺好的，我很喜欢。可能也比较像我内心期待的金钱的样子吧，颜色和金钱也很像。

安心：你希望从金钱中获得什么感觉？

焉羽：获得希望、力量、安全感，还有爱与光明的感觉。

安心：你期待钱可以给你带来被爱的感觉。

焉羽：可能是吧，之前没想过，现在是有这种感觉的。

图 6-6　焉羽抽的坤 2 号东真图

安心：画中哪个部分是被爱的？

焉羽：那双手里捧着的是爱，它是右边大的光给的。

疗愈第 3 步：探索财富自由后的真我所持的金钱信念

安心：现在再抽一张，代表有钱人眼中的金钱是什么样的。

焉羽：（抽图，见图 6-7）哈哈，这张好准。在有钱人眼中，钱是棋子一样的工具，很贴切。

安心：这张图给你什么感觉？

焉羽：好像跟上一张比，两个都对。一张是有温度的，一张是冰冷的。

安心：你是说，你期待的金钱是有爱的，但在有钱人眼中钱是冰冷的工具。

焉羽：（思考片刻）对，听你这么一说，是这样。我突然发现，我对钱并没有爱，只是一种利用；但我却期待从钱那里得到爱，二者好像有点矛盾。

安心：矛盾在哪儿呢？

焉羽：你看，如果把钱当作一个人来看，就是我不爱这个人，却要求这

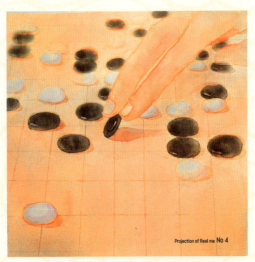

图 6-7　焉羽抽的坤 4 号东真图

个人爱我。即使他爱我，我也不会感觉被爱的，因为那个能量不流通，在我眼里对方只是工具。因此，我感觉既要求又得不到这个爱。

安心：很好的觉察。

疗愈第 4 步：探索金钱与内在真我关系

安心：接下来，再抽一张代表金钱眼中的你。

焉羽：（抽图，见图 6-8，沉默片刻）我觉得那个黑黑的影子是我，上面那个人是金钱。

安心：正在发生什么呢？

焉羽：钱想给我想要的，想把我拉起来。但我一直在下面，我知道我有很多钱。可是，这些钱都不能把我的心拉起来，很无力。

安心：这种无力感让你想起生活中的什么事？

焉羽：（冷笑）想起我前夫带着我的钱和别人跑了。我希望金钱、事业能让我重新站起来。

图 6-8 焉羽抽的乾 7 号东真图

安心：金钱眼中的你是什么样的呢？

焉羽：（笑）就是画面中这种黑乎乎、拽不动、不接受它帮助的样子。

安心：感觉一下，黑色的人为什么不接受金钱的帮助呢？

焉羽：（摇头）那不是黑色的人想要的吧。

疗愈第 5 步：探索金钱关系中的深层需求

安心：好，接下来再抽一张，代表金钱期待的你是什么样的。

焉羽：（抽图，见图 6-9）哈哈，天啊，这张图看起来很有感觉。

安心：你的第一直觉是什么？

焉羽：（笑）金钱期待的我是有爱的——我正在和一个男人拥抱。

安心：你们是什么关系呢？

焉羽：（笑）恋人……（潸然泪下，一边擦着夺眶而出的热泪，一边自嘲）老师，我是不是还是渴望爱情呀？

安心：你觉得呢？

图 6-9　焉羽抽的坤 43 号东真图

焉羽：（一边流泪一边）可是我没办法再相信爱情了，我被伤得太深了。

疗愈第 6 步：探索自我价值与深层需求

安心：最后再抽一张，代表你对自己的评价。

焉羽：（抽图，见图 6-10；一下子哭出声来，试图让自己平静下来，但是看到图后再次陷入崩溃）

安心：似乎这张图对你的触动很大。

焉羽：（一边抽泣一边深呼吸，希望自己能平静下来开口说话）

安心：不着急，你可以试着跟我做一个动作。在你锁骨的下方有一对小凹槽，用双手大拇指在那儿附近按按，你会有一种酸酸的感觉。好，找到它后一边按揉这个地方，一边跟着我对自己说，"我知道我现在很难过，但我相信我可以处理好这个情绪，我爱我自己，不管发生什么我都无条件地深爱自己、支持自己、接纳自己，我会永远陪伴着自己……"

焉羽：（说到第二遍时，情绪有了明显的平复，呼吸也跟着舒缓下来。

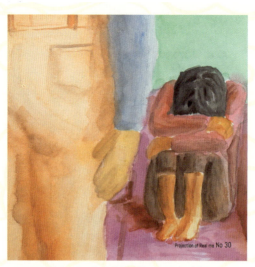

图 6-10　焉羽抽的乾 30 号东真图

说到第三遍时，她停止了哭泣）

安心：你做得很好，现在感觉怎么样？

焉羽：（长吁一口气）好多了，我可以说话了。

安心：这张图的哪个部分让你产生了这么大的触动？

焉羽：你说这张图代表我对自己的评价，我一眼就看到自己很糟糕，根本不会有人爱我，我小时候就像这张图中那样，经常一个人蜷缩起来哭。可是，我就算再委屈也不敢哭出声，因为站在我前面的这个人是我爸——我俩上辈子一定是仇人，他经常打骂我。你可能都想象不到他会下什么样的狠手——我曾经被他打断过手臂，而且他什么难听的话都骂，比如，"贱骨头""没人要的东西""赔钱货"，他还经常说"你怎么不去死"。他总是叫我去死，后来我真的割了几次腕，但每次都被亲戚发现后救回来了。哪会有爸爸叫自己女儿去死的，我真的那么糟糕吗？！

安心：经历这样的挫折还能成就一番事业，说明你的生命力很旺盛。你对自己的评价是什么呢？

焉羽：我的内心其实还是这个图中的女孩，一直在努力给自己建一座城堡证明自己、保护自己，但其实我并不爱自己——也许这就是没有安全感的原因吧。在感情中我也不会经营，总是怀疑对方，就好像不抓住点什么就不行似的。

安心：你觉得这张图与前面的五张图中的哪一张联结感最强？

焉羽：和第二张、第五张图的联结感最强。

安心：好的，那我们把这三张图放在一起，组成一个强联结图组（见图6-11），你觉得它们想告诉你什么呢？

焉羽：钱不能代替爱。我想要不被抛弃的爱，就用钱来替代人的不可控。这么多年来，我忽略了自己内心的渴望，总觉得物质能取代一切。最终，内心的缺失还是需要另一颗心来抚慰。

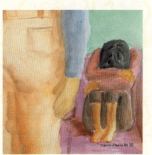

图 6-11　焉羽的强联结图组

案例分析

假象：情伤导致缺乏安全感。

真相：童年创伤导致自我价值感及安全感匮乏。

来访者想解决的是为什么财富无法让自己有安全感。既然来访者对财富有期待，那么我们便从财富的角度入手，从而贴合其内在信念，帮助她自己发现问题所在。

第一张图代表你眼中的金钱。来访者说自己掉进黑洞后独身一人、衣着破旧。这投射出她的内在自尊水平很低。衣服往往象征着体面与防御，如果一个人看到内在的自己衣衫褴褛，就表明她对自己的评价和自我价值感都很低，容易出现自我攻击、自卑、多疑、自负、行动力弱等情况。

第二张图代表你期待的金钱。来访者说手中的爱是旁边大的光给的。这很可能投射出来访者对爱的信念是"只能别人给、从别人那里来"，而忽略了向内求得自爱的能力。

第三张图代表有钱人眼中的金钱。来访者内心深处与金钱真实的互动关系是矛盾的：既希望利用金钱带来被爱的安全感，又拒绝这个"工具人"传递出来的"爱意"。

第四张图代表金钱眼中的你。来访者表达有再多的金钱也不是自己最想要的。投射出其深层需求是财富无法给予的，印证了现实也是如此。

第五张图代表金钱期待的你是什么样的。来访者发现了内在深层的需求依然是与人的深度关系。

第六张图代表你对自己的评价。来访者发现了早年创伤带来的自我缺失。

让来访者自选的强联结图组，可以引导其呈现问题的答案。

疗愈方法及步骤介绍

本案例用的是"我与金钱的关系 2"图阵方子（见图 6-12）。这个图阵方子有六张图，用于探索与金钱的关系。不过，在本案例中，并没有完全按照这个图阵方子来做，也就是说，在实际应用中，我们需要根据实际情况加以调整。

潜意识觉醒：用图解读看不见的自己

我与金钱的关系2 (探索及突破自我与金钱的关系，发现束缚)

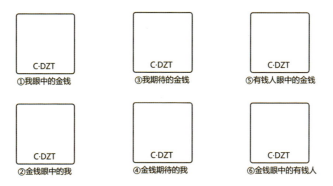

①我眼中的金钱 ③我期待的金钱 ⑤有钱人眼中的金钱

②金钱眼中的我 ④金钱期待的我 ⑥金钱眼中的有钱人

图 6-12 "我与金钱的关系 2"图阵方子

快问快答

问：诸如财富、安全感等问题，都需要用这个图阵吗？

答：不一定，还可以使用其他图阵方子，比如"答案、万能法、自我疗愈"等。

问：没按照图阵上的步骤做也可以吗？

答：可以不需要按照 1~6 的顺序，因为这个图阵没有步骤上严谨的逻辑结构。

问：图阵可以拆开吗？比如我只用其中的三张。

答：当然可以，因地制宜且有针对性地进行调整使用最好。

安心语灵

你急于摒弃的往往是你特别在乎的。

不敢依靠往往是因为太想依靠，不敢相信往往是因为自我怀疑。

身有所居，心也要有所居。

身体外在的物质奢侈并不高级，心灵内在的精神圆满才是顶极的奢侈品。

我是跟钱有仇吗

唐朝的庞蕴居士是一位开悟的大修行人，他将家中的金银细软装上船后全部投入湘江。有人问他为什么要这么做，他唱了一首偈子："世人多重金，我爱刹那静。金多乱人心，静见真如性。"

在我的来访者和学员中，不乏有人有这样的困扰："没钱让我烦恼，有钱也让我烦恼，我好像跟金钱有仇。"

案例6.2

沐心是我的学生，她想解决一个困扰自己已久的问题——存不下钱。只要有余额，她就一定要把这些钱花出去。说来奇怪，没余额时没需求，有余额时需求接踵而至，甚至到了钱还没到手需求就先到了的程度。事后冷静下来，她又会发现，其实很多需求都是假的，只是为了把钱花出去找的理由罢了，她好像就是不能和钱待在一起。如今她已年过半百，却没什么积蓄，她为此感到很焦虑。到底什么在作祟？从潜意识中又会找到什么样的真相？

安心：从这些东真图里选一张感觉上特别像你存不下钱时的状态的图。

沐心：（快速选出一张，见图6-13）

安心：你选的这张图给你什么感觉？

沐心：既像我要抓钱，又像我在撒钱。

图 6-13　沐心选的乾 3 号东真图

安心：好，我们先感觉一下抓钱。让画面动起来，你会看到什么？

沐心：我抓到了三四张。

安心：很好，现在闭上眼睛想象手里拿着这三四张钱，告诉我你有什么心情。

沐心：（闭上眼睛想象）我想把这些钱撒出去，花掉。

安心：感觉一下如果不花掉这些钱，而是把它们攥在手里，你心里会生出什么词或句子。不要去想，只是被动地听着就可以了。

沐心：（安静片刻）我听到了一个声音说，"花出去！否则这些钱会不安全！"

安心：很好，继续抓着这些钱。现在让对钱不安全的事发生，帮我看看会发生什么。

沐心：（轻轻皱起眉头）我有点着急，就是想把钱花掉。好像有个人想拿走我的钱，说这些钱不是我的。

安心：很好，这个人是谁？

沐心：（微微摇头）我不知道，我也看不清，但他很有力量。

安心：很好，看看手里的钱，你接下来想做什么？

沐心：花出去！花出去的钱才是我的！（一下子睁开眼睛，吃惊地倒吸了一口气）"花出去的钱才是我的"……这感觉好熟悉啊。

安心：这句话让你联想到什么人、事、物？

沐心：（稍有些激动且语速飞快）我家里共有三个兄弟姐妹，每当家里有什么资源都是要抢的。只有吃下肚子的东西才是自己的，也只有花出去的钱才是自己的，否则还不一定是谁的呢！要是让我父母分配，他们就会看谁高兴就给谁，没有一点规则可言。我可能慢慢养成了这种习惯，一直到现在，都感觉身边不能有过剩的资源，否则会感到很不安稳，担心会被抢走！哦，原来是这样！（发现真相后笑了起来）哈哈哈……（平静后）没想到，我竟然至今仍保持着孩童时期对资源、金钱的观念，真觉得既可笑又震惊。（苦笑）我一直觉得我跟钱有仇，身上都不能带现金，甚至觉得这些钱好像会咬我似的。

安心：对孩子来说，父母给的物质资源也代表着爱，你也在以这种方式来确定父母的爱。

沐心：（眼睛一亮）对！哎呀，老师你真是比我自己还了解我呀！就是这种感觉！我把钱花出去就觉得特别开心得意！

安心：所以长久以来，你不断强化自己的潜意识对钱的反应模式就是，拥有钱时感觉到负面情绪，花掉时会产生正面情绪。因此，钱给你带来快乐的方式只能是被花出去，而不能是与你相伴。

沐心：是啊，这就是我苦恼的地方。老师我该怎么办呢？

安心：当你看到真相的时候，你的问题就已经解决30%了。剩下的部分，你需要花点时间，给你的潜意识再洗刷一个新的模式出来。

沐心：好的，我具体需要怎么做呢？

安心：请看这张表（见表6-1）。

表6-1　　　　　　　　　给沐心的操作步骤

步骤	目标	具体行动	自我暗示语
第1步	拿出勇气，理智清晰	你要清楚，你不能存下来钱是因为你小时候占有资源的模式没有改变所致。你需要从头脑层面拿出勇气，面对存钱时的不安感	告诉自己："我的钱很安全，我不再需要小时候的模式了，我能掌控我自己的钱，让它们安静地待在我身边。"
第2步	建立新的金钱反应模式	拿一些钱放在身上，先是能承受的金额，比如50元、100元。如果能让这些钱在身上保留三天，你就给自己一些奖励——包括物质奖励和精神奖励。如果可以告诉你的好朋友或爱人一起鼓励你就更好了，或者将你的成就发个朋友圈	肯定与鼓励自己："我知道你们已经属于我，我可以自由地支配你们，包括待在我身边陪伴着我。我可以和你们相处得越来越轻松自在，甚至会忘记你们的存在。我真的好厉害！"
第3步	强化新的金钱反应模式	将金额逐渐变大、时间逐渐拉长，奖励逐渐提高。每次成功，都要对陪你胜利的钱表达感谢	对金钱说："谢谢你们留在我身边。有你们在，我能感觉到越来越多的安稳，我很享受和你们在一起的时光。"

案例分析

假象：存不住钱，跟钱有仇。

真相：用"花掉"来"占有"钱。

来访者的行为模式是在小时候的生存环境中练就的一种自我保护的模式。

在这种模式没有上升到意识层面被看见之前，是很难快速有效改变的。只有发现真相，才能"对症下药"。即使"症状"一样，在原因层面也可能各有不同，因此不能一概而论。这次疗愈没有固定的图阵方子，只是随意发挥。在探索金钱方面，可以参考"我与金钱的关系 1"和"我与金钱的关系 2"这两个图阵方子。

快问快答

问：我也有和沐心一样的问题，但原因不太一样。我可以用她调整的方法来调整自己吗？

答：可以，但自我暗示语需要根据你自己的情况而定。

问：只能用带金钱的方式吗？

答：也可以看自己的账户余额，但一开始还是带现金比较好。

问：我觉得身上有 20 元钱都难受怎么办？

答：那就先带 10 元，不行 5 元，再不行 1 元吧——毕竟现在能把 1 元钱花出去也挺难的。

安心语录

真正的视金钱如粪土，并不是蔑视或憎恶金钱，而是无论"坐拥金山"还是"一贫如洗"，都能泰然自若。

钱是爱的衍生，钱是力量的代言，钱是心灵的镜子。

当你站在钱面前时，你看到了怎样的自己？

我为什么脑子想赚钱，身体却不愿意动起来

脑子里说"我想挣钱"，嘴上说"我要挣钱"，可为什么身体就是不愿意动起来？眼看财务状况岌岌可危，却只能独自在万般焦急中彻底躺平，这到底是为什么？

案例 6.3

吴女士就遇到了这个问题，因为独自带着孩子的她已经没有钱给孩子交学费了。她的身体和大脑就像是有两个不同的想法在打架，而且目前显然是身体占了绝对优势。要知道，身体是潜意识最忠实的表达通道。

在我看来，吴女士很可能根本就不想有钱，陷入财务危机也许是她不自知的"期盼"。乍听起来你是不是觉得不可思议？这世界上哪有盼着自己穷的人？这个案例的答案会出乎你的意料。

安心：你从这张东真图（见图 6-14）上看到了什么？

吴女士：钱，到处都是钱。

安心：请试着想象，如果这个画面动起来了，那么你认为会发生什么？

吴女士：这就像是我的手，这些钱从我的指缝飘过然后溜走了，到头来一张都没抓到（从胸腔深处叹了口气，焦虑和无力流露在脸上）。

安心：嗯，如果想象这只手抓满了钱，你会有什么感觉？试试看。

吴女士：（只过了三秒便摇头）好奇怪啊，抓满钱后我的第一想法就是把这些钱丢掉。虽然也高兴，但还有种说不出来的难受。

安心：很好，试着闭上眼睛感觉自己拿着这把钱，看看会发生什么。

吴女士：好。有人来了，他想要我手里的钱，是来抢钱的！

图 6-14　乾 3 号东真图

安心：非常好，那你想怎么面对抢钱这个行为呢？

吴女士：我不想给他，也不想拿着这些钱。我把它们撒了吧，可以吗？

安心：当然可以，想象自己撒了它。

吴女士：好！我看到那个人去捡钱了，他趴在地上捡。

安心：你可以帮我去看看那个人长什么样子吗？

吴女士：（瞬间痛哭）是我弟弟，我弟弟……

　　我们很快就在咨询中找到了真实的答案。吴女士的父母非常重男轻女，就算她已经嫁人为母，父母依然是她填不满的黑洞，不停地向她索取钱财，然后供弟弟结婚、盖房，甚至是供弟弟家的孩子上幼儿园。吴女士从小就被掠夺了各种资源去奉献给弟弟，扛在她肩头的那道枷锁似乎已经长在了她的肉里，成了她的一部分。吴女士压抑了对父母的深深的愤怒，当然，她自己也不敢面对这种愤怒。因为每次想要拿掉枷锁时她都会很痛，这种痛是内疚、恐惧、不安、讨好。吴女士更不敢对家人表达愤怒，因为会被抛弃、被羞辱、被道德绑架。于是，这深深的愤怒被压抑到了潜意识层，但它并没有消失，而是用看似"合理"的方式在表达——"你看，如果挣不到钱，就可以理直气壮地说'不是我不想给钱，是我没钱'"，以此反抗家人对她无休止的索取。也就是说，她的潜意识在用身体懒惰的方式帮助她实现内心真实的想法。

案例分析

假象： 我想挣钱，可是我懒得动。

真相： 我想反抗父母不公的对待。

如何处理这种"有毒"的亲子关系？

不是所有孩子都能被父母爱。在成长的过程中，父母的人生观、价值观和世界观可能已经不可挽回地伤害并限制了孩子的身心发展。比如，重男轻女从表面上看是对男性的偏爱，但实际上是父母对"自我价值"的偏爱——因为男孩给农耕社会带来的劳动力就是财富，所以他们只是在"炫富"。也就是说，男孩是他们炫富的道具，而不是来自爱本身。这样的父母只是更爱他们自己而已，在这个动力的背后，他们其实也蜷缩在社会价值、繁衍压力下瑟瑟发抖，生怕不被社会和家族认可。虽然那个时代已渐渐消亡，却尚有余迹。这类父母往往会将自己的期望寄托在孩子身上，通过各种方式控制孩子的生活，以获取更多的情绪、经济价值。他们自身的精神世界极度贫瘠，以至于无法孕育出真正的爱给予后代。爱的贫瘠往往伴随着财富的匮乏，多少财富都无法填补内在精神匮乏感。

在暴力、掠夺、打击、虐待中长大的孩子想要重塑人生，可以参考表 6-2 中提供的步骤。

表 6-2　　　　在暴力、掠夺、打击、虐待中长大的孩子重塑人生的步骤

步骤	目标	具体行动
第 1 步	自我养育	这是成年后首先要做的事，也是这一生一直要做的事。学会当自己的理想父母，并重新养育一个小孩，他的名字叫"内在小孩"，也就是你自己的内心。如果你在成长中没有获得充分的精神养育，那么虽然你的身体日渐强壮，但你内在精神层面的自我却没有得到抚养与成长。你要做的就是好好养育你的内在小孩
第 2 步	空间独立	与父母拉开物理距离，清晰边界。有勇气表达需要适当的距离，学会分离。如果条件允许，就独立生活；如果条件不允许，就要有自己独立的、可锁门的房间。如果你无法摆脱依附在这个家庭里，那么重塑人生对你来讲可能会更加困难
第 3 步	经济独立	人只有经济独立才有底气摆脱控制。因此，请你努力工作，在能够独立生活后才能真正拥有自己的精神世界，也才能慢慢地了解自己内心的需求与欲望。希望你能尽早建立自己的物质世界
第 4 步	情感独立	情感独立并不是指与原生家庭断绝情感，而是要从心理上与原生家庭建立边界感。注意，无条件的原谅和断绝关系都不能给你力量。你要做的是接受过往现实，不再被情感勒索
第 5 步	精神独立	重塑过往被父母灌输的价值观和思维模式。你要尽可能地去发现并打破父母给你的固化思维模式，比如，天下没有不对的父母，家庭资源就应该给男孩子，女孩子要顺从、隐忍、听话，打击你是为你好，等等。你可能需要一些勇气，才能抛开一切强加给你的道德束缚，勇敢打破枷锁，屏蔽那些"欲加之罪"的声音。去创造理想的生活，去野蛮成长，去变得强大，去见天地、见众生、见自己。把父母的人生还给他们，让他们为自己负责

潜意识觉醒：用图解读看不见的自己

安心语录

在心理咨询师眼中，成吉思汗、牛顿、林徽因这些人的原生家庭都很糟，但他们生命力却极其旺盛。

就算原生家庭不好也不是一个诅咒，它只是会给你带来一定的影响。影响大不大，就看你强不强。

30 岁之前，你来自原生家庭；30 岁之后，你来自你自己。

第6章 财富金库：内在丰盛，才能吸引财富

第 7 章

隐秘创伤：
消除内耗，
轻松生活

内耗是一种很普遍的心力损耗状态。它是一个非常厉害的小偷，能偷走你的行动力、专注力、希望感、安稳的睡眠，甚至健康。内耗通常是由头脑意识层面与潜意识的矛盾造成的，只有找到潜意识中的真相才能有效处理。

本章通过三个案例展示了三种不同的内耗原因与状态，能帮助你更好地探索真相。

我都躺平了，为什么心还那么累

躺平是一件很辛苦的事情，它违背了人的本性——忙。

拿掉成年人所有的"不得以"而忙之，抽空观察最纯真的小孩，你就会发现他们没有任何"不得以"却一刻也闲不住——忙着玩、忙着探索、忙着捣乱、忙着创造、忙着开心。因此，有句话说"'闲着'是世界上'最累'的活儿"。

高呼躺平的人几乎都是因为期待与心力不成正比，想要的深感无力达成。比如，社会主流的价值观认为买房买车、成家生子才是人生赢家——这是期待。可是，如果你身在大城市，就需要巨大的能力和心力才可能实现，当现实让你感到杯水车薪，就可能会用躺平来应对因此产生的巨大的无力感。

真正躺平的人是身心统一的，不会累；只有把躺平当成应对模式的人，才会累。

案例 7.1

在一次直播连麦中，我连上了蓝萍。她是一个觉得自己越躺越累的人。通过这次短暂的宛如心灵解剖的连麦，使她发现了内心的"毒瘤"，并将其清除掉，让人生有了新的可能。

　　蓝萍：我已经躺平两个月了。本来是想休息调整一下的，结果我现在天天什么都没干，却还是感觉很累，为什么呢？

　　安心：为什么想躺平呢？

　　蓝萍：因为实在太累了，离婚、创业、一个人带孩子。

　　安心：嗯，你之前是一个对自己有一定要求的人。

　　蓝萍：对，可事与愿违，不管怎么努力最终还是失败。

　　安心：现在做三个深呼吸，放松你的身体，我会给你看一张图，然后你仅凭感觉来回答一些问题，好吗？

　　蓝萍：（轻轻点头）好。

　　安心：这张图（见图7-1）给你什么感觉？

　　蓝萍：图中的这个人就是我，在向下沉，很无力。感觉上面的手是我父母的，他们在抓我，但是我不想被抓到，又没办法摆脱，所以我只能任由自

图7-1　乾32号东真图

己往下沉。

安心：这种在关系中让自己向下沉的感觉令你感到很熟悉吗？你生活中还有什么关系也让你有这种感觉？

蓝萍：（回忆片刻，惊奇地睁大了眼睛）在好多地方都有，比如在我和前夫相处的时候，在孩子缠着我的时候，还有在我与创业合伙人一起工作的时候，我都会有这种感觉。

安心：听起来，你用这种方式应对人际关系已经很久了。

蓝萍：（像是受到了触动，哭出来）我突然发现，这么多年来我一直在原地打转。

安心：嗯，是怎么发现的呢？

蓝萍：就是通过这张图，我突然发现，每当在关系中发生冲突的时候，我都是选择和这张图里一样的应对模式，那就是只要发现对方不听我的，我就会选择躺平、摆烂，任由对方折腾，直到我沉到谷底。可是，我又没死心，我会想很多，会自责、会愤怒。

安心：听听你心里自责、愤怒的声音，它在说什么呢？

蓝萍：它说，你应该让父母开心，关心他们、理解他们；你应该当个完美的好妈妈……可我就是不想被父母控制，不想被孩子控制，但我又做不到。

安心：所以，从表面上看，你的应对方法是躺平，但其实内心充满了挣扎和对抗。这些已经让你很累了，就更无力向外改变什么了。

蓝萍：（边流泪边无声地拼命点头）谢谢你，我从来没这样被理解过，连我自己都搞不清自己。我觉得还是与父母的关系给我的影响最深，但我又感觉很无力。

接下来近30分钟的深度疗愈，帮蓝萍重获了一些力量。她意识到，自己需要与父母建立心理边界感，将父母的人生交还给他们自己负责。孝顺并

潜意识觉醒：用图解读看不见的自己

不意味着要对父母言听计从，更不意味着要成为父母的"快乐负责人"。要敢于在关系中说"不"，为自己的人生负责。

案例分析

假象：我想休息一下，调整自己。

真相：我想消极抵抗，惩罚自己。

来访者往往会采用消极抵抗的方式来表达愤怒。消极抵抗是一种心理防御，表现为否认、逃避、做事敷衍、不配合、消极情绪等。这是一种很隐蔽的攻击方式，但再消极的抵抗也是一种抗争，也是要消耗能量的。蓝萍有一对相对强势的父母，她在想摆脱父母的同时又深感力量不足，便形成了消极抵抗的方式。蓝萍在内心充满了对自己无力的批判，还有敢怒不敢言的窝囊感。她的身体虽然闲着，心却不得片刻安宁。事实上，来访者在潜意识中并不认同躺平的做法，但又不会使用其他的应对方法。一个心智成熟的人需要多种复杂的防御方式，而不是单一的。

快问快答

问：为什么来访者既没有抽图也没有选图，而是安心老师给她选了一张呢？

答：这是我在直播连麦时经常会用的方法，即一边听来访者自述问题，一边根据我的直觉选一张符合来访者心理状态的图，直接让来访者解读，往往能获得非常显著的效果。虽然这次疗愈没有使用某个图阵方子，只用了一张图，但是效果也很好。所以，在使用东真图时要活学活用。

问：只要是躺平或是遇到让我感到很累的问题，就可以用这张图吗？

答：是的。虽然东真图中的每一张都可以探索内心，但是我个人感觉这张图更符合这类人群的心理状态。

问：我看过安心老师直播连麦，你选一张东真图直击来访者内心，这个技能的效果特别神奇！想知道老师是怎么能做到这样的呢？

答：因为我足够熟悉这些东真图。每张图从心理投射角度的构思到细节设计，再到完成绘画，它们早已长在我心里了，所以我的直觉会迅速将合适的图呈现出来。如果你也经常看东真图，就能体会到这些图在你心里的感觉，使用起来自然能行云流水。在我的课程中，你还会与你的内在智慧见面，它将与你的东真图合二为一，帮助你建立更好的职业自信。

安心语录

看似闲云野鹤，实则困兽犹斗。

看似懒懒散散，实则战战兢兢。

越躺越累。

我的身体是在告诉我什么吗

人特别善于用道理、理智、逃避、压抑来掩盖真实的自己，最终连自己也不明白自己是怎么回事了，为什么明明什么道理都懂，但就是都不管用？

久而久之，各种毛病会接踵而至——背痛、头痛、富贵包、糖尿病、胃病、甲状腺疾病等。身体的情绪表达在心理学被称为"躯体化"。当你的身体出现问题时，一定要在第一时间去看医生，但也不要忽略心理因素。诚如钟南山院士所说："健康的一半是心理健康，疾病的一半是心理疾病。"

全世界对你最忠诚的就是你的身体，它有自己的表达方式，你能听得懂吗？

案例 7.2

还记得第3章中想消除对家人恨意的软软吗？当时她处理的是与婆婆交流时无处安放的愤怒与恐惧，以及身体麻的问题。在这一次的课上，我们又解决了一个新的问题——耳聋。

软软：生命就是这样，要面对很多的离别。我现在仍然放不下与养父母的离别，我在大脑层面上会对自己说，人生本就如此；但是我在潜意识中则无法接受现实，经常会梦到他们。我的身体也出了情况——我的一只耳朵快要丧失听觉了。

安心：一只耳朵听不到？

软软：对。

安心：你怎么知道是因为这件事情导致你的耳朵听不到的？

软软：我一睡觉就会不停地和这件事情有联结，好像根本停不下来。

安心：哪件事情？

软软：我的养父母去世这件事。虽然我现在见不到他们了，但他们经常会出现在我的梦里。在最开始梦到他们时，我看不太清他们；然后，我能清晰地看到他们；现在，我在梦中能和他们对话。

安心：很好，潜意识能满足这样的期待。你怎么知道你的耳朵失聪与想念他们有关系？

软软：在我住院治疗时，医生跟我说无法再复原了，只能维持现状。他说这是睡眠和情绪状态这两个原因导致的。

安心：最近有没有人对你说一些你特别不想听的话？

软软：（不假思索）有。

安心：猜到了，谁？

软软：身边的亲戚。

安心：他们说了什么是你最不想听的？

软软：（无助地颤抖）他们说我的养父母已经过世了，我不能这么固执，应该把孩子还给婆婆带。这些亲戚之前和我的养父母并没有过多的来往，可是自我养父母过世的第二天到现在，总是不停地有人让我把孩子送给婆婆带着。

安心：你觉得自己带两个孩子是难以承受的吗？

软软：（摇头）没觉得。

安心：也就是说，作为母亲，你完全可以照顾好孩子们。你根本不想听你的亲戚说什么。

软软：对，不想听他们说的。

安心：你不想听，所以你的身体会帮你实现这个愿望，就这么简单。

软软：但是，老师，我很矛盾。

安心：什么样的矛盾？

软软：（委屈）我有时又会觉得他们说的那些话也有道理，如果我把孩子给婆婆带，我就会更有的时间挣钱。可是，我的内心又不想把孩子给婆婆带。所以，我心中有一种感性和理性在拉扯的感觉。

潜意识觉醒：用图解读看不见的自己

安心：道理能不能当日子过？不能。你要知道，**日子永远是服务于你现在的生命状态的**。重点在于，你认为自己的生活应该怎么过。比如，如果你认为坚决不能忍受婆婆插手带孩子，那就意味着要是让你和婆婆走得很近就会让你产生巨大的心理压力。而且，你也认为自己完全可以带好两个孩子，所以为什么要听他们的呢？你的身体已经告诉你内心的答案了，大脑却还在跟你讲道理。你的身体做了一个非常好的选择——主宰自己的生活、让孩子和你在一起、与婆婆拉开距离。最重要的是，你内心要笃定，我不会听你们的，嘴长在你们身上，你们愿意说什么说什么，我无法让你们闭嘴，但我不会理会你们对我生活的指手画脚。我的孩子们只会在我身边慢慢长大，谁都夺不走。

软软：（释怀）嗯！谢谢老师，我心里踏实多了。

安心：加油！

隔了一段时间，在下一次上课时，她反馈说："好神奇，自从决定自己带孩子后不久，我竟然完全恢复了听觉！"

案例分析

假象：因怀念过世父母而引发耳聋。

真相：因不想听到亲戚的意见而引发耳聋。

来访者表面是与亲戚的冲突，其实也是一种与大脑和潜意识的冲突，因为理智在告诉她"他们说的那些话也有道理"。一旦出现这个想法，潜意识就会更加恐惧让婆婆带孩子的后果。再加上"所有人都这么说"给来访者带来了强大的舆论压力，在这个压力下，她自觉是弱小的，很期待有人能为自己撑腰，而养父母是其内心非常重要的力量来源，可惜已过世。本就弱小，又失去了父母支持，再加上强大的舆论压力，让来访者恐惧失去孩子的照顾权，强烈的表达就是躯体化耳聋——我不想听。

你的身体会用抱恙来表达没处理的情绪。表7-1列出了几种常见问题的心理诱因对照，这些内容来自露易丝·L.海（Louise L. Hay）的《生命的重建》（*You Can Heal Your Life*）一书。

表 7-1　　　　　　　　　　几种常见问题的心理诱因

躯体症状	心理诱因
胃痛	吞下了太多委屈
甲状腺	憋了太多想要说的话
糖尿病	长期焦虑
乳房	压抑怨恨，母性过强
生殖系统	对自己性别的不认可和攻击
肥胖	需要被保护

潜意识觉醒：用图解读看不见的自己

快问快答

问：是不是所有身体上的问题都与情绪有关系？

答：至少一半是这样。

问：在发现了自己的躯体与情绪有关系后，该如何调整？

答：中医讲肝主怒、心主喜、脾主思、肺主悲、肾主恐。试着找到你复杂情绪的真相，再配上中医的方式去调理对应的脏器。同时，还要加上自我心理暗示。比如，如果发现自己因缺乏安全感而恐惧，那么可以对自己反复说"我很安全，我选择放松地生活"；如果发现自己有些事情无力改变又很痛苦、纠结，就对自己说"心要大，就会快乐"。注意，要找到对的情绪，因为有很多情绪是隐藏起来的。比如，孩子调皮跑丢了，父母发疯似地去找，找到了会大声责骂孩子。表面看上去的愤怒，其实背后是强烈的恐惧。最好找专业的心理咨询师配合身心同步调整。

安心语录

不存在没有原因的病，只有不愿看见的真相。

使你强大的永远不是逻辑思维，面对真我极度坦诚才能让你无畏。

身体是你情绪的仓库，疾病是爆仓的警报声。

即便如此，疾病也并非你的敌人，它只是一颗你栽培的果子，提醒你该换种子了。

我为什么会有莫名其妙的担忧、焦虑

潜意识真我犹如一座神秘的宇宙信息库，蕴藏着无尽的奥妙，不间断地向你发送信息。你所有的困顿、烦恼，都可以从中找到答案。你一定体验过突然被一种莫名其妙的情绪涌上心头的感觉，但你无计可施，只能去感受它，甚至被它折磨着。比如：

- 莫名其妙地担心自己老了、死了，孩子没人照顾怎么办；
- 莫名其妙地担心刚才走路挖鼻屎，有没有被人看到并取笑自己；
- 莫名其妙地很讨厌一个刚认识的人，可自己却很少和他有交集；

- 莫名其妙地被别人一句不经意的话惹怒了；

- 莫名其妙地纠结刚才那个人说的话是不是针对自己；

- 莫名其妙地突然感到不开心。

你所有的莫名其妙都事出有因，且无一例外。

案例 7.3

　　一位黑发及膝、一身黑裙、戴着黑色口罩的女子找到了我。她叫吴颖，专程来找我探索一个困扰她多年且莫名其妙的心病——试图让自己隐身。她长年焦虑、社恐，任何人对她的关注都会加重她的这种焦虑感。她从不敢当众说话，非常害怕引人瞩目。因此，她总爱穿一身黑衣躲在人群的角落，甚至她用的所有东西几乎都是黑色。长度及膝的黑发也是她给自己蓄谋的一件"隐身衣"，希望能借此尽可能地遮住身体。如此特别的她一直被人诟病。吴颖很想突破这一心理困境，也做过心理咨询，结果总是落在自卑上，就算她努力做了改变仍收效甚微。直到经过了这次雨夜中的探索，在解开几十年的谜团的瞬间，她才发现让她禁不住唏嘘感叹又动人心魄的真相。

疗愈第一步：找到心理压力的来源

　　安心：我随机选了 55 张东真图。你只需用感觉去看，看到有压力感或不舒服的就选出来。第一直觉很重要，不需要去想原因。

　　吴颖：（低头读图。柔亮的黑色长发滑过两边脸颊，披在整个身体上，像一条黑色丝绒纱巾将她遮住。很快，她从这些东真图中选出了 17 张有压力感或不适感的图）

　　安心：很好，再从这 17 张中选几张你觉得最有感觉的。

　　吴颖：（经过再三筛选，最终选了 6 张，见图 7-2）

图 7-2　吴颖选出的 6 张东真图

疗愈第二步：对有压力的图逐张解读

安心：你觉得哪张最特别呢？

吴颖：（毫不犹豫）我觉得这张（见图 7-3）就是我，我是全黑的。

安心："全黑的"给你什么感觉？

吴颖：安全感吧，不被人注意。

安心：如果被人注意到或看到会怎么样呢？

吴颖：不舒服，会觉得恐慌。

安心：什么样的恐慌？

吴颖：我……说不上来，就是那种想躲起来的恐慌。总觉得会有什么不好的事发生。

图 7-3　吴颖选的乾 42 号东真图

安心：在这张图中，你在做什么？

安心：在这张图中，你在做什么？

吴颖：我在一个很安全的黑黑的小屋里，我在向外面看，金色的是窗外。我的手放在玻璃上，我想出去，外面阳光很好。可是我不敢，似乎也不能。

安心：嗯，不敢。你觉得外面会有什么让你胆怯？

吴颖：（指向第二张图，见图 7-4）就是这张图，外面会有别人的目光。

安心：你觉得这些目光会对你造成什么样的伤害呢？你最害怕听到他们说什么呢？

吴颖：我最害怕……他们说"你怎么在这儿"……

安心："你怎么在这儿"，你觉得这句话熟悉吗？身边还有谁说过这句话？

吴颖：（思索片刻，慢慢地摇了摇头）没有什么特别的印象，这句话是我瞎说的。就好像是……被看到是一种错误，我很担心被看到，所以我总是会躲开别人的目光，就像这两张图（见图 7-5）。有时候我甚至觉得自己就不应该存在。只要我把自己藏起来，就会感到放松点。同时，又会一直担心

潜意识觉醒：用图解读看不见的自己

图 7-4　吴颖选的乾 51 号东真图

图 7-5　吴颖选的坤 65 号东真图和坤 37 号东真图

不知哪一刻会被发现。这两张图给我的感觉差不多，难以取舍，所以就都选了。尤其是戴口罩这张图，更像我一些。

安心：看着这样的自己，你有什么感觉？

吴颖：（静静地看着这两张图，沉默良久）孤独……又温暖。遮起我的那些黑色部分让我感到温暖，另一面的光却让我感到孤独。

安心：好，闭上眼睛，回到黑暗里，去感受黑色带来的温暖。这温暖会让你联想到什么人、事、物？

吴颖：（闭上眼睛）我蜷缩着……在黑暗里……也不是全黑……但是很温暖……

安心：很好，你在这安全的黑暗之中能闻到什么气味吗？

吴颖：（很享受地闻了闻）似乎有点奶奶的味道。

安心：这个味道会让你联想起什么人、事、物？

吴颖：（轻皱眉头，脸颊微抽，紧闭双唇）

安心：没关系，不管是谁、出现得是否合理，都可以说出来。

吴颖：（噘了一下嘴）是……妈妈。

安心：妈妈和你在一起吗？

吴颖：（摇头）我看不到她，但她离我很近……很近（流泪）……

安心：你流泪，因为你感受到了什么呢？

吴颖：因为我妈妈已经过世了（睁开眼睛，豆大的泪珠夺眶而出）……

安心：（递纸巾）很抱歉提到这部分。

吴颖：（边擦眼泪边笑）没事的，都过去好多年了，在我五岁的时候她就走了。我都不太记得她了。

安心：小时候是谁带的你？

吴颖：我妈妈走之前，都是她带我。之后就是我爸爸和我爷爷奶奶，我爸爸经常出差。我一开始对爷爷奶奶不太熟悉，不想跟他们说话。从小我就经常藏在衣橱、被子里，这让我觉得很安全。一直到现在也是，我自己也不知道这是为什么。

安心：还记得你小时候妈妈的样子吗？

吴颖：（点头，拿起图7-6）我只记得妈妈对我特别好，就像这张图里的样子。只是这张图是妈妈在跟我交代很重要的事，让我感到有压力。

安心：妈妈说什么了呢？

吴颖：好像是让我乖乖的。小时候妈妈会带我去上班，总会反复嘱咐我要乖。不乖就会让妈妈丢掉工作，那我们家就吃不上饭了，我就会很有压力。

安心：还记得妈妈做什么工作吗？

吴颖：不太记得了，我只记得我躲在一个像桌肚的地方。就好像我是书包、妈妈是学生的感觉。

安心：非常好，我们再闭上眼睛回到那个桌肚。（进行20分钟的催眠

图 7-6 吴颖选的乾 34 号东真图

放松和回溯引导）这个桌肚在哪里呢？

吴颖：在……一个柜台下面．有一块黑布帘挡着我。

安心：可以拉开黑布帘看看外面是什么吗？

吴颖：可以……是妈妈的肚子动来动去，她在工作，在跟别人说话。

安心：柜台里面黑吗？

吴颖：（微笑）黑……但是很温暖。

安心：会发生什么其他的事吗？

吴颖：有人来了……

安心：嗯，是谁呢？

吴颖：（小声）嘘，不能说话……（过了一会儿，轻声说）是……妈妈的同事，我得躲起来。

安心：如果没有人在，那么你可以出来玩一会儿吗？

吴颖：（像个小孩子）可以，我……可以躲进妈妈的外套里，外套上有妈妈的味道……黑黑的很安全……很温暖。

安心：所以你要听妈妈的话，而且得躲进妈妈的外套里才安全。你不能被人看到，否则妈妈就会丢掉工作了，是吗？

吴颖：（点头）我不太敢出来玩……红色的木地板……每次跑就会响。妈妈说，要是她丢掉了工作我们就会饿死。

安心：你是什么心情呢？

吴颖：和妈妈在一起很开心，又很担心……很担心……被发现，不想被饿死。

安心：你还记得你选的第一张图，自己在一个黑屋里看向外面金色的阳光的那张吗？

吴颖：（轻轻点头）嗯。

潜意识觉醒：用图解读看不见的自己

安心：我会从一数到三，当我数到"三"的时候你就会进入那张图中。一……全黑的你会进入一个黑暗的房间。二……房间里有一扇玻璃门，能看到外面金色的阳光。三……你进入房间，并看到这扇门。告诉我门外是什么样的？

吴颖：有……一片草地，有金色的阳光，不远处就是城市。

安心：我会从三数到一，当我数到"一"的时候，妈妈就会出现在草地上。三……妈妈会出现在草地上，沐浴在金色的阳光里。二……她是你记忆中的模样。一……她出现在草地上。你能越来越清晰地看到她、感觉到她，她就在你的眼前。告诉我，妈妈什么样？

吴颖：（下巴颤抖，豆大的泪珠滚落）她……穿着大大的长棉袄……戴着套袖，一双枣红色的棉鞋……很旧。笑盈盈地看着我……她很美。

安心：跟妈妈说，这些年你很想念她。

吴颖：（拼命摇头，像个婴儿般蜷缩着身体，悲伤地抽泣）我不想说……

安心：我会一直陪着你，你很安全。我们需要做一些改变，我相信你妈妈也希望看到你的改变。

吴颖：（调整片刻）妈妈……我很想……很……想你……（大哭）

安心：你做得非常好，我一直在陪着你。

吴颖：可是妈妈听不到……她在门外面听不到。

安心：你希望妈妈能听到吗？

吴颖：（点头）希望……

安心：你可以很轻松地推开玻璃门，这会让你感到特别轻松。有微风轻轻抚过，阳光温暖地照着你，你能更清楚地看到妈妈。妈妈也能听到你、看到你了。我数到"三"时，你就轻轻推开门。一……二……三……推门。

吴颖：（平静了很多，只是轻轻地抽泣）我推开了，可我不敢出去。

安心：你做得很好，没关系。现在，你也可以说想念她了。

吴颖：（控制着情绪，但依然委屈地流泪）妈妈……我好想念你……你怎么就丢下我、不要我了呢？是我没躲好……让你生气了吗？妈妈……妈妈对不起，妈妈对不起。我现在躲好了，你不要再去外地工作了……你突然就不见了，他们说你被调到很远的地方工作去了。我10岁才知道……你出车祸……去世了……妈妈对不起，妈妈对不起……（大哭）

安心：妈妈听到后是什么表情呢？

吴颖：（抽泣）妈妈笑着，她张开手臂……想抱抱我。

安心：去吧，抱抱妈妈。

吴颖：（走出黑暗的房门，脚步轻踏在草地上，和妈妈一样沐浴在金色的阳光里。在感觉到吴颖一步步靠近妈妈、投入妈妈怀抱时，安心将一旁的抱枕轻轻地放在吴颖的臂弯中。这一跨越生死的拥抱让吴颖泣不成声）

安心：（等吴颖稍做平静后）现在，我要你跟妈妈表达一下，这些年你一直被莫名其妙的担心、怕被人看到的心情困扰着。你希望自己能走出这个困境，获得妈妈的支持。

吴颖：好……（轻声诉说）

安心：妈妈是怎么回答你的呢？

吴颖：妈妈说她一直在我身边，她说我很乖，让我勇敢一点，不要总躲起来了。我想一直都能像现在这样见到妈妈。

安心：你问妈妈，她愿化作一股勇敢无畏的力量，留在你的身体里陪伴你吗？

吴颖：（微笑）她说愿意。

安心：接下来，我会从三数到一，当我数到"一"的时候。妈妈会化作金色的勇敢无畏的力量进入你的身体。你只需要用深呼吸的方式，将这股力

潜意识觉醒：用图解读看不见的自己

量吸到身体里，与你成为一体。只要你愿意，就可以在心里与妈妈相见。三！你已准备好了接受妈妈的力量，再也不需要躲起来了。二！你会看到妈妈化作金色的光。一！深深地吸入金色的光，看到它进入你的身体。告诉我，金色的光在你身体的哪个部分？

吴颖：（仰着头，微笑地沉醉）在我的心脏上，很温暖。我的身体都被照亮了。

安心：（对吴颖进行几分钟的唤醒）

吴颖：（在轻轻睁开眼睛的一瞬间，看到桌面上的图7-7，大喊）妈妈！（兴奋）天啊！我第一眼就认出来这是我妈妈。这个开心的小孩在妈妈的怀抱里和妈妈玩，虽然她只能看到妈妈的影子，但是妈妈一直在她身边，好神奇啊！和我现在的心情一样！

安心：你觉得妈妈是影子，在陪着你，那你觉得这张图是来提醒你什么的呢？

图 7-7　吴颖选的坤 48 号东真图

吴颖：提醒我要站在阳光里，这样才能看到自己的影子。我觉得现在我就像是重新启动了一样（笑，不自觉地将手放在心脏的位置）。

　　两个月后，吴颖告诉我，她已经剪掉了及膝的长发，还买了好几件亮色的衣服。

案例分析

　　假象： 因自卑而产生社交障碍。

　　真相： 用旧模式保持与妈妈的联结。

　　"不能被发现"这句话被深深地内化在来访者的潜意识里。它是来访者与妈妈之间的承诺，也是来访者心理困境的囚笼。妈妈的突然"消失"给来访者幼小的心灵造成了巨大冲击。与妈妈稳定的依恋关系突然中断，让来访者不断用"待在妈妈衣服里的黑暗""听妈妈嘱咐的话"的方式来跟妈妈建立联结。她用这种方式延续依恋关系，同时也是向妈妈的道歉。

　　来访者的家人并没有告诉当时年幼的她妈妈意外去世的真相。这使得在自恋期的孩子以为是自己做错了才导致妈妈不能像以前一样正常上班，于是强化了来访者要躲起来的行为，希望通过自己好好表现让妈妈回来，这是对妈妈忠诚的表达，且这一表达持续了几十年。在这个过程中，来访者从躲在黑暗的房间里到衣柜里、再到被子里，最后泛化到衣服里、头发里，甚至平时用的所有东西都喜欢选黑色的，她是在用尽可能多的黑暗来抓住流逝的联结感。

　　来访者内心深处认为是自己因为"没躲好"才导致妈妈去世，并产生了负罪感。因此，她不敢走出黑暗，因为走出黑暗便意味着被发现，发现便意味着妈妈遭受死亡。这个死亡，在来访者潜意识中是内化的"丢掉工作会被饿死"的信念，意识层面是现实中的"意外死亡"。两者都是以极端糟糕的姿态出现的，所以很难逾越。直到来访者重新与妈妈联结，才获得了谅解与支持（这在与来访者的催眠过程中有所省略）。

我们再来回顾来访者选的几张图：第一张图投射出来访者潜意识的心理困境；第二张图投射出"发现者们"，也是妈妈上班单位的领导以及泛化的所有人；第三、四张图投射出来访者的行为模式；第五、六张图投射出疗愈后与妈妈的心理关系。

疗愈方法及步骤介绍

本案例用的是"压力源"图阵方子（见图7-8）。

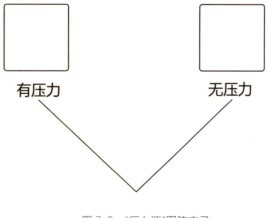

图 7-8 "压力源"图阵方子

快问快答

问：每次都要用 55 张图来解读吗？

答：不是，一般取样在 40~144 张之间都可以。

问：为什么图阵方子里没有后面疗愈催眠的部分？

答：所有的图阵方子都是可以根据疗愈需要拓展的，不需要墨守成规。东方真我疗法可以非常巧妙地与多种心理疗法融合，比如，移空、绘画、意象对话、催眠等。在系统教学课程中都有涉及。

安心语录

你的陪伴戛然而止，我们来不及说再见。

但这样也好，因为我们会再见——

在梦里见，在心里见，在你给的爱里见。

我永远相信，

身体可以消失，有些爱不会消失。

第 8 章

人生使命：拨开迷雾，找回自己

每个人都有对自我天生属性的寻找与实现的愿望，是发自我们的灵魂但又远于我们个人的存在。找到了它，心便有了光明之所向。拥有了它，便能拨开迷雾，让人生路不再模糊。

本章通过寻找人生使命、自证的人生状态、人生遗憾这三个角度，帮助你回归属于自己的征途。

我的人生使命是什么

以下内容将为迷途的你"指点迷津"。你会看到自己那颗从未谋面的心像地图、像画卷一般，鲜活地展开在你眼前。它看得见、摸得着，它层次分明、震撼人心。即使你不迷茫，也可以做一下这个图阵方子，往往会有颠覆性的发现。

案例 8.1

我有一个很特别的学生叫文珍。她的着装风格在人群中总是很扎眼，她完全无惧年龄、身材、职业和别人的眼光，就自顾自地美丽。在一次课程中，我们探索到了原因，也发现了她的人生的顶级追求。你也可以试着用你的东真图来体验这个案例中介绍的图阵方子的奇妙，几乎每个做过的人都会惊叹地发现属于自己的人生金字塔。

疗愈第 1 步：从所有东真图选出 10 张与自己有联结感的图

安心：请你从所有东真图中选出 10 张与你有联结感的图。无论是工作、个人习惯、性格喜好、人际关系、曾经经历的事情、梦想期待等，都可以的。注意，只凭感觉，不需要知道为什么选这张。这个步骤需要 5~10 分钟，不要着急。如果你选出来的张数多于 10 张，那么需要以联结感强弱为标准，选出联结感最强的 10 张。

文珍：（选图）

疗愈第 2 步：从已选好的 10 张图中选出联结感最弱的 4 张图

安心：请你从已选好的 10 张图中选出联结感最弱的 4 张图。

文珍：这四张图（见图 8-1）是我最不喜欢的。我不喜欢第一张，是因为感觉像是很久远的老妈妈在喂奶。我每次看到这张图时都是略过的，就是很不喜欢。

安心：说说看，你说"不喜欢"是一种什么感觉？

文珍：一种拧巴的感觉。

安心：如果你可以改变画面，那么你希望做出什么样的调整？

文珍：我喜欢把小孩举得高高的，看小孩咯咯笑，那多好！像图中这样把孩子窝在怀里的感觉不好，觉得这个小孩被束缚了，很压抑（投射出在与母亲的关系中可能是渴望被欣赏、被看见，甚至渴望被更多外界的人看见）。

安心：（点头）请继续。

文珍：我不喜欢第二张图上那像鬼一样的脸，我只是看到它的脸就很不喜欢了，完全不想再继续看其他的地方了。也就是说，我一看到这张脸我就

图 8-1　文珍选的联结感最弱的四张图

从左到右分别是乾 25 号东真图、乾 10 号东真图、乾 63 号东真图、乾 20 号东真图。

闪开了，图中到底是什么我都没看全，我有一种感觉很讨厌的恶心感（投射出在人际关系中，来访者面对冲突会习惯性地选择逃避不愿直面冲突）。

安心：（点头）请继续。

文珍：第三张给我的感觉是幼稚，我不喜欢红色。而且上面还有一条横杠，就更不喜欢了。

安心：横杠给你什么感觉？

文珍：为什么要搞个横杠，掀开不好吗？我总是想把它掀开推走，掀开就舒服了（来访者又感受到了要反抗压抑的感觉，投射出一直有什么压着她，而她一直处于反抗的状态中）。

安心：第四张呢？

文珍：我不知道为什么觉得这个小孩看起来这么猥琐。尤其是他还戴了个帽子，让我更不喜欢了。

疗愈第 3 步：从剩下的图中选出三张联结感次弱的图

安心：接下来，请你从剩下的图中选出三张联结感次弱的图。

文珍：（选图，见 8-2）第一张，我不喜欢古老的东西，而且红色的东西让我感觉很老土（投射出来访者内心反抗陈旧的模式）。第二张，人物是动态在向上的，颜色比较雅致。断掉的线我很喜欢，感觉不是有压力感，哪怕是碎碎的线，我也很喜欢（又一次投射出来访者渴望挣脱控制的模式）。第三张，我第一眼就看到花的颜色不是那种红艳艳的，而是带紫的红。我骨子里就喜欢这种很难搞定的感觉，这紫红色我很喜欢（喜欢很难搞定的感觉，投射出来访者欣赏比较特别的事物，包括她自己）。

疗愈第 4 步：从剩下的三张图中选出两张联结感较强的图

安心：现在你还有三张图没有解读，请从中选出两张联结感较强的图。

文珍：（选图，见 8-3）第一张，我一看到蓝色的倒茶的东西就觉得很喜欢，

潜意识觉醒：用图解读看不见的自己

图 8-2　文珍选的联结感次弱的三张图

从左到右分别是乾 4 号东真图、乾 67 号东真图、乾 64 号东真图。

让我感觉很轻松（投射出来访者内心渴望自由轻松的感觉，也是挣脱了束缚的成果）。第二张，我很喜欢画面上缠绕的线，这种线条让我感觉很轻松，因为它是运动的、流淌的、飞扬的。

安心：第一张图中，倒茶也是流动的。

文珍：对！灵动的、流动的东西，又代表了一种"破"。人物被困住了，

图 8-3　文珍选的联结感较强的两张图

从左到右分别是乾 60 号东真图、乾 41 号东真图。

线条是能被破开的。这是一种矛盾感和冲突感，这个人是独特的。尤其是第二张图，给我一种开心、舒服的感觉，又有独特性（用了两次"独特"一词，再一次投射出来访者欣赏独特的自己。同时线条的"破"也再次投射出其内心反抗的模式）。

疗愈第 5 步：解读最有联结感的图

安心：现在只剩下一张图（见图 8-4）了，这张图是与你最有联结感的。请仔细看这张图，你觉得图中人物的身后是什么？

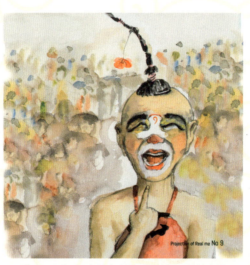

图 8-4　与文珍最有联结感的乾 9 号东真图

文珍：他的身后是人，各种各样的人，他们都很开心。

安心：你觉得这些人与主体的人物是什么关系呢？

文珍：这些人在看着他，是的，他们关系很融洽（最后一张与第一张相呼应，体现出来访者渴望被看到、被认可。来访者知行合一，也是这么做的）。

疗愈第 6 步：解读金字塔图阵，发现未知的部分

安心：让我们把这 10 张图按照联结感的强弱摆出金字塔图阵（见图 8-5）。

我能感觉到你的潜意识中有一个非常强烈的想法——我不要被束缚着。你可能是要反抗一些传统的、规矩性的东西或观念，还可能是想突破原生家庭带给你的一些影响。

图 8-5　文珍的金字塔图阵

文珍：反抗，对！

安心：看看你的金字塔，最下面的一排都是负面的，是你要突破的障碍——被母亲抱在怀里的压抑、孙悟空的压抑、躲避丑陋时的逃避，以及猥琐弱小的状态。然后，我们向上到倒数第二排，此时发生了变化，你开始明确自己不喜欢被传统的、固有的东西束缚，你看到了断掉的线的轻松、自由，你发现喜爱紫红色的、难搞又特别的自己。再往上走，你流动了起来，打破困境中的自己让你感到轻松、舒适。最后一张图位于金字塔顶，你成了被关注的、与世界其乐融融的、独特的自己。

文珍：老师，我刚刚又翻了翻东真图，发现这张图（见图 8-6）和金字塔尖的那张图给我的感觉差不多。我就是人群里那朵小白花！这张图像是为我呈现了生动的、鲜活的自己，有一种我被铺开的神奇感觉。

图 8-6　乾 15 号东真图

案例分析

在这个案例中，文珍在用一生成为她自己。我们可以看到有很多形成阻碍和让她想要反抗的原因——原生家庭、与母亲的关系、传统的束缚、面对冲突的逃避、面对弱小的憎恨，但最终她突破了，成了人群中的焦点、成了最靓的小白花，把属于她的生命画卷舒展开了。终其一生的战斗必须胜利！在很多案例中，来访者并不知道自己的人生目标，直到图阵完成后才感到醍醐灌顶、茅塞顿开；还有的来访者本以为人生目标了然于心，直到图阵完成后才发现之前的人生目标并不是真正想要的，真实的追求配得上为之朝暮的每一天；还有些人会发现，原来自己把一件过往的纠葛放在了最高处。所以，漫漫人生路，可别走岔路。

疗愈方法及步骤介绍

这个案例使用的是"人生金字塔"图阵方子（见图 8-7）。

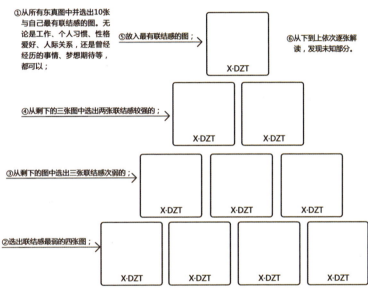

人生金字塔（梳理出目前人生最重要的结构，与重要关系的和解）

①从所有东真图中并选出10张与自己最有联结感的图。无论是工作、个人习惯、性格爱好、人际关系，还是曾经经历的事情、梦想期待等，都可以；

⑤放入最有联结感的图；

⑥从下到上依次逐张解读，发现未知部分。

X·DZT

④从剩下的三张图中选出两张联结感较强的；

X·DZT   X·DZT

③从剩下的图中选出三张联结感次弱的；

X·DZT   X·DZT   X·DZT

②选出联结感最弱的四张图；

X·DZT   X·DZT   X·DZT   X·DZT

图 8-7 "人生金字塔"图阵方子

快问快答

问：最下面一排的图必须是讨厌的吗？

答：并不是，只是10张图中联结感最弱的，无论是喜欢的还是讨厌的都可以。

问：如果我对有些图有感觉，但不知道它代表什么，那么该怎么办呢？

答：可以试着用第 1 章中的"引导提问法"来探索。

问：我的金字塔尖是一张负面的图，怎么办？

答：这可能是你在当前阶段需要处理的重要课题。你可以用"人生课题图"这个图阵方子进行探索。目前在东方真我疗法中共有 66 个图阵方子，可以帮助你处理问题的方子有近 20 个，总有适合你的，但这需要学习。

为什么我越努力证明自己，越无法自证

"我这么努力，就是想证明'我不差'！"

如果这句话戳动了你的心，那么请一定看完这一节的内容；如果没有戳动你的心，那么这部分内容也能帮助你了解自己的"动力内核"属于哪一种，会以怎样的心境活着。表面看起来都很努力的人，"动力内核"可能天差地别。

案例 8.2

多年前的一个明媚下午，特别想要证明自己不笨的袁维，带着一张胡子拉碴、眼白通红的脸找到了我："安心老师，我真的快要撑不住了。晚上睡不着觉，整天看书却什么都记不住。还有一个月就要考试了，我再这样下去万一考不过怎么办啊？我都快急死了！"他有气无力地说完这些话，就一屁股瘫坐在椅子上并顺势倒在一边，看得出来，他疲惫得快要灵魂出窍了。

最近袁维拼尽全力地备考注册会计师考试（CPA），这可是会计行业最难考的证书。他从小学习成绩就不好，反应总比别的同学慢一拍。可以想象，在这么卷的时代，慢一拍就像是在脑门上贴上了"傻子"标签。在这种环境中长大的袁维感到深深的自卑，为了证明自己配得上娇妻，他拼命减肥50斤，只为在婚礼当天展示最好的自己给亲朋好友；为了证明自己不笨，他先后通过注册结构工程师考试和一级建造师考试，现在又在死磕CPA。在别人眼里，袁维是个很厉害又很热血的人；但只有他自己知道，36岁的他活得有多声嘶力竭。

袁维：安心老师，我好累啊……

安心：看得出来，给你倒杯水吧。不管你在家里怎么辛苦备考，在我这里的时间都是用来放松的。

袁维：我为什么要把自己逼成这样？

安心：（微笑）是啊，上次你来找我已经是好几年前了，那时你正在备考一级建造师，也是特别焦虑。记得我当时还跟你说，你一定还会继续再考其他证的。你还不信，说自己只要把一级建造师考下来，人生就圆满了。你看，这不是又来了嘛。来，先喝口水吧。

袁维：（突然坐了起来）当时你为什么就能料到我还会再备考其他考试呢？当年连我自己都不知道的事，你怎么能预判得这么准呢？

安心：因为自我证明是没有尽头的。

袁维：可是，如果我不自我证明，我就会很平庸啊！我要证明我比一般人都强才行！

安心：你证明不了。

袁维：（惊讶）啊？为什么？

安心：（微笑）如果证书可以证明，那么你考的第一个证书就已经证明了，为什么还要考第二个、第三个呢？

袁维：（惊讶，继而目光呆滞）好像……是啊。

安心：所以，你连续推翻了两个证书的意义。你想通过外界给你发一个"不笨证书"来自证的这条路，其实是一条永远到不了罗马的路。原因在于，这是你的"自认为"，而不是"别人认为"。在这条自证的路上，你快乐吗？

袁维：很痛苦，甚至都觉得自己扭曲了。虽然拿到证书和别人的评价会让我一时非常开心，但坚持不了多久，我又会感到不满足，需要更大的证明才会快乐。

安心：你想探索一下这个人生课题吗？

袁维：（点头）想，我觉得您当年的预判太准了。我对此感到很好奇，也对您非常信任。说实在的，我这些年过得挺辛苦的，很想放过自己，但又怕自己堕落。

疗愈第1步：选一张人像图加一张东真字形成图组，代表人生课题

安心：好，从这些东方真我人像图中选一张，代表不断考证书时的自己。忽略图中人物的年龄、性别，只要感觉上像就可以了。

袁维：（选图，然后一脸疑惑）我觉得这两张图（见图8-8）都很像不断考证时的自己，但是这两张图看起来差别怎么那么大呢？难道是我心理扭曲了？

安心：（笑）没有，放心。你觉得这两张图中的哪一张更像你要解决的不断自证的人生课题？

袁维：嗯……第一张。

安心：好，请从这些东真字中选出一张，代表这个课题。

袁维：（在"自尊"和"愤怒"之间纠结了一会儿，最终选择了"愤怒"）

安心：这个图组（见图8-9）代表了怎样的自己呢？

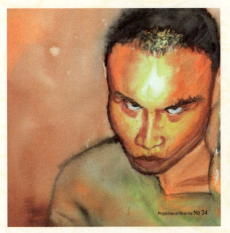

图 8-8　袁维选出的 34 号成人人像图和 40 号儿童人像图

图 8-9　34 号成人人像图和"愤怒"东真字图组

袁维：愤怒，我恨那些嘲笑我的人，恨不得把证书砸在他们脸上！砸烂他们！我就是要用事实打他们的脸！让他们嫉妒，让他们服！我就是要证明给他们看！一雪前耻！

安心：嗯，你也是这样做的。那它为什么会成为你要改变的课题呢？

袁维：（立刻失去了刚才的信誓旦旦）唉，太痛苦了。我总是因为担心考不好而感到特别焦虑，而且确实就像你刚才所说的，虽然我拿到了一个又一个的证书，但并不能给心里的自证画上圆满的句号……其实，我也很挺害怕失去这种愤怒的，感觉自己会崩塌。

安心：什么样的崩塌？

袁维：好像没有变优秀的动力了。

安心：你认为自己的优秀动力只能来自复仇吗？

袁维：（若有所思）听你这样一说，我突然意识到，我是不是太狭隘了？

安心：很好，你发现你的内在动力源自过于狭隘。那么你希望自己的人生更宽阔、更自在一些吗？

袁维：（点头）是的，我很希望。

疗愈第 2 步：选出代表自己的内在小孩的图

安心：请你选一张图，代表你的内在小孩。

袁维：就它吧（见图 8-10），图中的小孩很像小时候的我，也很像现在的我。其实我已经很累了，但是还有那么多的书要背。哪怕是累得睡着了，手里的笔也不敢放下来（流泪）……

安心：你想对小时候的自己说些什么来支持他？

袁维：（略带坚定）不要理会那些人说的话，他们以后混得都没你好。虽然你笨了些，但是你很努力啊！而且，你在长大后还考了很多证书，这些证书可难考了，他们可都考不过！

安心：关于愤怒，你想对他说什么？

袁维：（哽咽）我知道你憋着股气，他们骂你智障、白痴，父母也很少夸你，可你已经证明自己了，你很棒！

潜意识觉醒：用图解读看不见的自己

图 8-10　袁维选的 40 号儿童人像图

安心：闭上眼睛，重现画面中的自己，试着用无条件的爱拥抱他。

袁维：（闭上眼睛，泪流不止）老师，我把他的笔拿下来了，把他的眼镜摘掉了。我把他抱上了床，给他盖好被子，他终于可以好好地睡一觉了。

安心：非常好，他最近在备考，你现在对他说的话会给他带来一定的影响。你想对他说些什么？

袁维：除了考试，还有很多可以证明自己不笨的事情，比如搭积木。

安心：他必须证明自己吗？

袁维：（强忍着泪水）如果不证明，就不会被爱。

安心：那你爱这个小孩吗？

袁维：（虽然紧闭双眼，但泪水还是奔涌出来，点头）爱。

安心：哪怕他比别的孩子笨了一点，你也会爱他吗？

袁维：（犹豫片刻）可以笨，但是要勤奋。

安心：如果他笨一点但不那么勤奋，那么他是不是不配得到你的爱？他最害怕的就是你而不是别人不爱他。请试着放开一切标准、条件、要求，只留下纯粹的爱给他。

袁维：（大哭）对不起……对不起……我一直不接受你笨这一点。我从来没有单纯地爱过你，我很抱歉……很抱歉……在别人嘲笑你的时候，我没有出来保护你。

安心：现在你愿意把单纯的爱给他吗？

袁维：（点头）我愿意……

安心：把你最单纯的爱，用拥抱的方式传递给他。告诉他，他不需要那么愤怒了，他已经有最单纯的爱和支持了。

袁维：我说了，现在他醒了，正笑呵呵地看着我。

疗愈后，当天晚上袁维有了长达18个小时的深度睡眠。他的身心都开始恢复，并在后续的咨询中慢慢转变自己的动力来源，向更安稳、豁达的人生前进。

潜意识觉醒：用图解读看不见的自己

案例分析

假象： 不断通过考证证明"我不笨"。

真相： 不断证明我是笨的。

我这么努力，就是想证明自己"我不差"！

这是负向的动力，核心是"我差"。这个努力过程会饱含愤怒与屈辱，过于注重结果。

我这么努力，就是想探索自己"能多好"！

这是正向的动力，核心是"我好"。这个努力过程会饱含创新与勇气，敢于面对失败。

尽管这两者都会让你很努力地奔跑，但心境却一个在地狱，一个在天堂（见图 8-11）。

在这个案例中，袁维之所以无法自圆"证书可以自证"的逻辑，是因为这来自他的自我评价，而不是他人评价。他一直在向自己证明，但自己又不承认，因此需要不断证明。在呈现内在小孩的投射后，他对自己说："虽然你笨了些，但是你很努力啊！"这反映出他的内心一直认为自己很笨，尽管他的行为在奋力否定这个想法。此外，袁维说"如果不证明，就不会被爱"，这句话投射出他对自己的爱是有条件的，就像是这个世界（包括老师、同学、父母等）对他的爱是有条件的一样。袁维试着用优秀的成绩向外界兑换自尊与爱，同时也向自己兑换，但都无法实现，因此会被"我就是笨"的潜意识信念否定掉。

越想自证，就越自证不了。只有不需要自证的内心才是最强有力的。胜人者有力，自胜者强。

图 8-11　动力不同，努力过程中的心境就会不同

疗愈方法及步骤介绍

这个案例用的是"直面人生课题"图阵方子（见图8-12）。这个图阵方子中设置了三个人生课题的位置，本案例中只使用了其中一个。注意，这个图阵方子最好由专业的心理咨询师带领完成，探索和疗愈的效果会更好。

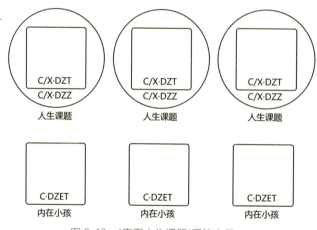

直面人生课题（探索人生经历与人生课题的关系，找到课题中受伤的内在小孩疗愈关系）

①抽或选三张东真图形成图组，完成三组人生课题图组；
②解读图组显示的信息和困难点与启示；
③与对应的内在小孩对话，带着无条件的爱拥抱他。

图 8-12　"直面人生课题"图阵方子

快问快答

问：图阵方子里的流程是抽或选东真图，但这个案例里用的是人像图，为什么呢？

潜意识觉醒：用图解读看不见的自己

答：乾、坤、人像图都可以用。只是在这个案例中，我的直觉是人像图更适合来访者，咨询师在使用时也可以灵活一些。

问：只能找咨询师完成探索和疗愈吗？

答：想要获得更好的效果，就一定要还是找专业的人来带。不过，对图很敏感或有一定自我觉察能力的人，在独立情况下往往也能有不错的收获。如果你上过东方真我疗法的课程，就能更全面地掌握技巧了，还可以帮助你想帮助的人。

问：所有的心理咨询师都可以帮我做这个图阵方子吗？

答：并不是，只有受过专业心理投射技术训练的，最好是东方真我疗法的心理咨询师，才能掌握投射法的使用。

安心语录

你的人生不是用来自证的，那巨大的渴望是一个深渊。

越是渴望他人认可，就越暴露内在的空洞。

真正的自信，从来不需要外界的验证。

被验证的，只能是内心填不满的自卑。

如何发现人生真实的追求与不自知的遗憾

有个残酷的真相：大部分人都是在生命快走到尽头时才能发现真实的追求和此生的遗憾，活着的时候却对此置若罔闻。甚至有些人一生都在充当别人人生剧本中的"道具人"，生病了才知道健康重要，要死了才知道应该怎么活。

现在，请抛开一切头脑层面的理所当然，比如，我"应该"怎么样、"正常情况"下是什么样的。不去走一切惯性的脑回路，带着无比自由的自己来经历一次"死亡"。你在这个过程中会有新的感悟。

请认真地想象：如果地球只剩下三天的寿命，太阳只会再升起三次便永远沉寂，有的人坦然，有的人恐慌，有的人雀跃，有的人解脱……你也深深地意识到，这一生即将谢幕。在人类消亡之前，你将如何度过这三天？请打开你的想象力，不要跟随你的大脑。抛开一切"应该"的束缚，去抽一张东真图，抽的时候请默念"世界末日前的三天我会如何度过"。然后，和"死亡"东真字组成图组。

我先分享我的末日之选，我在看到它第一秒后就忍不住笑了。

这张图给我的第一直觉就是自渡。我本不属于这里，人生宛如一场考试，死亡则是交卷的铃声。这双手紧握着一串金色的念珠，每一颗念珠都象征

图 8-13　坤 22 号东真图和"死亡"东真字图组

着一段经历，每一段经历都是一张成绩单。我突然发现，做心理咨询师从表面上是我疗愈别人，其实我才是接受帮助的人。这三天，我会尽可能地让自己与家人都平静地度过。独自或带着家人平静地抄抄经文、看看繁花、数数落叶，与天地万物沉浮于生长之门。如果说这个画面中有一些遗憾，那就是念珠还不够长。

注意，在这个发现的过程中，一定要抛开道德与惯性思维的束缚。

比如，我的学生在探索这个题目时，一开始对画面（见图8-14）的解读是，她提着行李去找家人，然后与他们在一起。在抛开道德与惯性思维的束缚后，她发现是自己独自去旅行了，而旅行是她一生终爱的事情。即使到了世界末日，她的内心深处依然渴望与世界万物相连，而不是拘泥于家庭关系，这才是她真实的自己。

图 8-14 坤 25 号东真图

疗愈方法及步骤介绍

"末日之选"图阵方子（见图8-15）非常适合在小团体中进行，现在分享给大家。

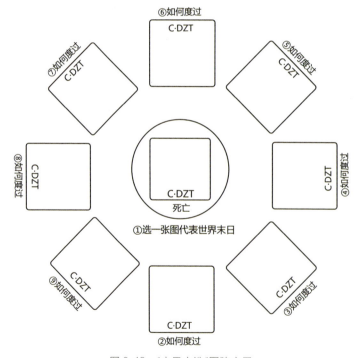

末日之选 （自我价值探索，发现生命中的追求与遗憾）
①选一张东真图代表世界末日，与"死亡"东真字组成图组；
②每个人轮流根据自己抽的东真图，说明自己会在末日来临时如何度

图 8-15 "末日之选"图阵方子

安心语录

万物有律，死并不是结束，而是最接近生的地方。

当你坚持不住的时候，困难它也坚持不住了。

人有两次出生，一次是母亲给的生命，另一次是自己给的重生。

后记

东方真我疗法之道、法、术、器

东方真我疗法是一项心理疗愈的技术，也是个人潜能开发的过程。在学习的过程中，你会慢慢学会与内在真我沟通、发现问题本质、开启智慧，并完成意识与无意识的和谐统一，达到生命的另一个高度。这也是心理学关于潜意识投射领域在中国文化本土化、技术可视化、疗愈系统化的先驱作品。

东方真我图（简称"东真图"）凝结了深厚的华夏文化，可以用传统文化中的道、法、术、器（见图 P-1）诠释这项技术。

"道法术器势志"的说法，源自老子的《道德经》："道以明向，法以立本，术以立策，器以成事，势以立人，志以弘扬。"要想学习并理解一个理论，悟其道比修其术更高一筹。术要符合法，法要基于道，道、法、术三者兼备才能做出最好的策略。

"道"是自然法则，是宇宙运行规则、万物的规律。比如，日升日落、春去秋来，盛极必衰、物极必反。又如，阴阳对立又统合为一体。一切烦恼困苦的答案都在潜意识里，在我们本自具足的内在智慧中。是在内（即在潜意识真我里），而不在外（即在意识行为里）。这是东方真我疗法这项技术可以运作的大背景。万物有规律，人亦如此。向内求得智慧真理是

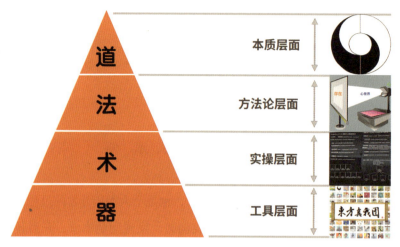

图 P-1　东方真我疗法的道、法、术、器

自古留下的规律，即所谓"心外无物"，这也是西方人本主义学派的核心理念之一。

　　"法"是方法、法理，是"道"的运行下显现出的具体事物，是"道"的原理和运行方法。东方真我疗法利用了潜意识心理投射，其原理是，人都有将自己的思想、态度、愿望、情绪、性格等特征，不自觉地反映于外界事物或他人的一种心理作用。在金庸的小说《笑傲江湖》中有这样的一句话："自君子看来，天下滔滔皆是君子，而自小人眼中看来，天下无一不是小人。"也就是说，你的内心世界便是你眼中的世界。心中有佛，所见皆佛。

　　"术"，即对法的具体应用。在东方真我疗法这项技术中，对心理投射的具体运用方法就是术，即在实操层面具体要怎么做。东方真我疗法的图阵方子系统就是关于如何做的方法论。目前共有 66 个图阵方子，这些不同的排列组合可以帮助我们解决不同层面、不同维度的问题。随着使用的深入和随机应变，图阵方子的数量还在不断增加。在临床使用时，通过开出正确的"心灵方子"可以帮助来访者更快速、有效地突破心理困境。

这些图阵方子首次将无形的玩法结构化、可视化。将原本需要背下来的结构、步骤、效果等信息，通过一张印制好的仿丝绸布展于桌面上，让人一目了然。这些图阵形成了完整的"心灵方子八步法"应用库。无论你遇到了什么问题，都能从这个系统中找到解决方法，并知道下一步应该做什么。这让东方真我疗法更易学，在临床上更易用。

"器"是工具。工欲善其事，必先利其器。东真图就是一把称手的好"兵器"。目前分为三套，它是快速走进心灵深处的利器。它在中国文化的土壤里生根发芽，因此图中有很多场景是我们在生活中常见的，比如，路边长椅、普通家庭客厅、病床前、徽派建筑、火锅饭局、楼道、田地、胡同口，等等。无论是画风还是色彩使用，都更贴合中国人的精神世界，共同的文化背景更容易与我们的潜意识真我共振。

在本书接近尾声时，我还想表达一些感谢。

感谢蔡仲淮老师，在我创作东真图时，他不断给予我鼓励与肯定。他常说："每个学派都要有自己的创新与进步，切不可墨守成规。"每次见到蔡老师，他都一脸骄傲地向别人介绍我是"未来的东方真我大师"。就在这样的鼓励下，我完成了第一本书。

感谢吉沅洪老师的《图片物语》一书，为我的创作带来了很多启发。我曾多次受教于吉老师的督导，深感投射技术在个案咨询中四两拨千斤的妙用。

感谢一路给予我信任和支持的学员及粉丝们。你们通过我的短视频和直播认识我，有些人还不远千里来海口找我上课。你们在教学及临床应用上给了我非常大的肯定，我也终将以踏实教学来回馈大家。只要大家想学，

后记

275

我就教，一直教下去。

最后，附上部分学员的反馈，我也希望此时阅读本书的你，能告诉我你的感受和收获。

- 之前我总是纠结一些小细节，然后纠结着、纠结着，就错过了。我现在无用的纠结少了很多，行动力提升了，感觉整个人打开了很多。（琬逸）
- 我最大的改变是我变得勇敢了，人生舒展了，不再是蜷缩的。我很喜欢现在的自己。（倩云）
- 东方真我图帮我解决了我的财富卡点，签约授权后很快就接了一个长期个案，实现了人生第一次咨询变现。感谢能遇到这么好的技术和老师。（丽丽）
- 东方真我图让我瞬间看到了自己讨好型人格的部分，明白了我为什么会如此用力地生活。它给我带来的改变深深地震撼着我。原来心灵的成长竟然可以如此高效神奇，让人赞叹不已。（如愿）
- 东方真我图不仅使我看到自己的内心卡点，更为我创业、积累财富打下坚实基础。（燕）
- 接触了10年身心灵与心理学行业，安心老师的疗愈法是我用过最快速、精准且高效的探索神器。原来中华传统文化的治愈力如此强大。（高露）
- 谢谢你让我学会了这个技能，拥有了从容面对生活的勇气。（伊云）
- 能有一位漂亮、智慧的老师带领着我在心理学领域这条路上往前走，还有一群一起成长的小伙伴，特别幸运。（兰晶）

使用说明

这是一本助你修炼一颗更强大、更自由的心的笔记,我把它称为"炼心炉"。

每天给你的炉子里加点料、添把柴,你就会不断地获得关于自我的新发现和新突破,最终收获一个崭新的自我。你需要一些耐心和时间,因为它们是炼心的重要"配方"。

跟着你的感觉走,不用担心写下让自己吃惊的文字,因为有些句子一定会出现(你一定会出现这种情况的)。

潜意识真我会引导你看到自己的真实想法和隐秘的心事。你在第一次和真我见面时,可能会有些懵。没关系,去直面你的真我,随着一次次的恍然大悟,你的真我会越发清晰。

你需要有一套属于自己的东方真我图来呈现你的潜意识,在探索的过程中,无论你感觉有多震撼、多神奇,都不要误以为这只是这些图所带给你的。因为每张图都是一面镜子,是带你抵达心灵深处的"穿越卷轴"。你可以用东方真我图来一次次地实现自我穿越和帮助别人。所有直戳心底的感觉都是因为你自己。

你既可以自由地选择从哪里开始,也可以按照顺序来完成。

你既可以同时完成几个部分,也可以专注地一样一样来。

毕竟,这是你的炼心炉,到底想怎么炼,随你。

要想修炼一颗更强大、更自由的心，除了耐心与时间，你还需要下面这三个配方。

真诚

你需要真诚地面对自己的所有感受，无论它们是否合乎情理、是否让你感到无法面对、是否善良。在下定决心后，请在下方的横线上认真抄写这句话："我选择用最真诚的自己来修炼一颗更强大、更自由的心。"

相信

你要相信自己，并坚信这个方法可以真真切切地帮助你。无论你抽到哪张东真图，它都能帮助你。你要相信你的行动最终可以达成所愿，因为只有相信，你才会看到成功。请启动你内心最有力的那部分，也就是你的信念，并在下方的横线上抄写这句话："我选择相信我的直觉，相信我自己本就有解决问题的能力。一切答案我本来就知道，我只是回归本真、有力的自己。"

完成

在完成炼心的过程中，你可能会遇到一些阻碍。阻碍越大，意味着完成后的成就越大。在你敲碎旧思想、颠覆旧行为、砸开舒适区时，可能会有一个不想让你得逞的力量缠着你。每次出现这种情况时，都请回忆这段话，并在下方的横线上抄写下来："除了我自己，没有人能阻止我完成炼心炉。我并不是一定要完成它，但我更想体会拥有一颗全新的心是怎样的感觉，我又会活出怎样的人生。"

创建我的能量音乐库

音乐可以为我们提供最直接、有效的心灵力量。在心理治疗中，音乐治疗是全世界普遍在用的疗法。音乐给人的感觉因人而异，现在你需要花点时间，拥有属于自己的能量音乐库。

写下使你感到快乐、奔放的音乐名，你想在＿＿＿＿＿＿＿＿＿＿的时候听。

写下使你感到心怀向往的音乐名，你想在＿＿＿＿＿＿＿＿＿＿的时候听。

写下使你感到放松安宁的音乐名，你想在＿＿＿＿＿＿＿＿＿＿的时候听。

写下使你感到超脱、升华的音乐名，你想在_____的时候听。

写下使你感到提升气势的音乐名，你想在_____的时候听。

写下使你感到充满希望的音乐名，你想在_____的时候听。

提升自我觉察力

　　每天盲抽一张东方真我图，从提问法中选择几个问题向自己发问。写下你的回答，坚持 21 天后，你将明显感到你与潜意识的联结增强了。你的感知能力可能也会提升一个维度。如果你总是反复抽到同一张图，那么这张图很可能对你来说有特别的意义。

天数	图编号	提问	回答
1			
2			
3			
4			
5			
6			
7			
8			
9			
10			

11			
12			
13			
14			
15			
16			
17			
18			
19			
20			
21			

　　你＿＿＿＿＿＿＿＿（有或没有）经常会抽到的图。如果有，那么你感觉它是来提醒你：

＿＿＿＿＿＿＿＿＿＿＿＿＿＿＿＿＿＿＿＿＿＿＿＿＿＿＿＿

＿＿＿＿＿＿＿＿＿＿＿＿＿＿＿＿＿＿＿＿＿＿＿＿＿＿＿＿

＿＿＿＿＿＿＿＿＿＿＿＿＿＿＿＿＿＿＿＿＿＿＿＿＿＿＿＿

心的沃土

　　每天写四条感谢，感谢身边一切可发掘的事。大到国泰民安，小到微风拂过。其中有两条来自你的发现，有两条是根据抽图来解读。坚持记录21天后，你会在这片亲自耕耘的沃土中萌生出一颗崭新的"心芽"，并看到一个完全不同的世界将你揽入怀中。在记录时，你可以从你的音乐库中选一首合适的音乐来搭配。

　　举例："感谢我的右手，它很健康。它总是无条件地帮助我完成我想做的事，包括我写下的每一个字。"

　　第 1 天：＿＿＿＿月＿＿＿＿日

1.＿＿＿＿＿＿＿＿＿＿＿＿＿＿＿＿＿＿＿＿＿＿＿＿＿＿＿＿＿＿

2.＿＿＿＿＿＿＿＿＿＿＿＿＿＿＿＿＿＿＿＿＿＿＿＿＿＿＿＿＿＿

3.＿＿＿＿＿＿＿＿＿＿＿＿＿＿＿＿＿＿＿＿＿＿＿＿＿＿＿＿＿＿

4.＿＿＿＿＿＿＿＿＿＿＿＿＿＿＿＿＿＿＿＿＿＿＿＿＿＿＿＿＿＿

　　第 2 天：＿＿＿＿月＿＿＿＿日

1.＿＿＿＿＿＿＿＿＿＿＿＿＿＿＿＿＿＿＿＿＿＿＿＿＿＿＿＿＿＿

2.＿＿＿＿＿＿＿＿＿＿＿＿＿＿＿＿＿＿＿＿＿＿＿＿＿＿＿＿＿＿

3.＿＿＿＿＿＿＿＿＿＿＿＿＿＿＿＿＿＿＿＿＿＿＿＿＿＿＿＿＿＿

4.＿＿＿＿＿＿＿＿＿＿＿＿＿＿＿＿＿＿＿＿＿＿＿＿＿＿＿＿＿＿

　　第 3 天：＿＿＿＿月＿＿＿＿日

1.＿＿＿＿＿＿＿＿＿＿＿＿＿＿＿＿＿＿＿＿＿＿＿＿＿＿＿＿＿＿

2.＿＿＿＿＿＿＿＿＿＿＿＿＿＿＿＿＿＿＿＿＿＿＿＿＿＿＿＿＿＿

3.＿＿＿＿＿＿＿＿＿＿＿＿＿＿＿＿＿＿＿＿＿＿＿＿＿＿＿＿＿＿

4.＿＿＿＿＿＿＿＿＿＿＿＿＿＿＿＿＿＿＿＿＿＿＿＿＿＿＿＿＿＿

第 4 天： _____月 _____日

1._____

2._____

3._____

4._____

第 5 天： _____月 _____日

1._____

2._____

3._____

4._____

第 6 天： _____月 _____日

1._____

2._____

3._____

4._____

第 7 天：_____月_____日

1._____

2._____

3._____

4._____

第 8 天：_____月_____日

1._____

2._____

3._____

4._____

第 9 天：_____月_____日

1._____

2._____

3._____

4._____

第 10 天：_____月_____日

1._____

2._____

3._____

4._____

第 11 天：_____月_____日

1._____

2._____

3._____

4._____

第 12 天：_____月_____日

1._____

2._____

3._____

4._____

第 13 天：_____月_____日

1._____

2._____

3._____

4._____

第 14 天：_____月_____日

1._____

2._____

3._____

4._____

第 15 天：_____月_____日

1._____

2._____

3._____

4._____

第 16 天：_____月_____日

1.＿＿＿＿＿＿＿＿＿＿＿＿＿＿＿＿＿＿＿＿＿＿＿＿＿

2.＿＿＿＿＿＿＿＿＿＿＿＿＿＿＿＿＿＿＿＿＿＿＿＿＿

3.＿＿＿＿＿＿＿＿＿＿＿＿＿＿＿＿＿＿＿＿＿＿＿＿＿

4.＿＿＿＿＿＿＿＿＿＿＿＿＿＿＿＿＿＿＿＿＿＿＿＿＿

第 17 天：_____月_____日

1.＿＿＿＿＿＿＿＿＿＿＿＿＿＿＿＿＿＿＿＿＿＿＿＿＿

2.＿＿＿＿＿＿＿＿＿＿＿＿＿＿＿＿＿＿＿＿＿＿＿＿＿

3.＿＿＿＿＿＿＿＿＿＿＿＿＿＿＿＿＿＿＿＿＿＿＿＿＿

4.＿＿＿＿＿＿＿＿＿＿＿＿＿＿＿＿＿＿＿＿＿＿＿＿＿

第 18 天：_____月_____日

1.＿＿＿＿＿＿＿＿＿＿＿＿＿＿＿＿＿＿＿＿＿＿＿＿＿

2.＿＿＿＿＿＿＿＿＿＿＿＿＿＿＿＿＿＿＿＿＿＿＿＿＿

3.＿＿＿＿＿＿＿＿＿＿＿＿＿＿＿＿＿＿＿＿＿＿＿＿＿

4.＿＿＿＿＿＿＿＿＿＿＿＿＿＿＿＿＿＿＿＿＿＿＿＿＿

第 19 天：_____月_____日

1.＿＿＿＿＿＿＿＿＿＿＿＿＿＿＿＿＿＿＿＿＿＿＿＿

2.＿＿＿＿＿＿＿＿＿＿＿＿＿＿＿＿＿＿＿＿＿＿＿＿

3.＿＿＿＿＿＿＿＿＿＿＿＿＿＿＿＿＿＿＿＿＿＿＿＿

4.＿＿＿＿＿＿＿＿＿＿＿＿＿＿＿＿＿＿＿＿＿＿＿＿

第 20 天：_____月_____日

1.＿＿＿＿＿＿＿＿＿＿＿＿＿＿＿＿＿＿＿＿＿＿＿＿

2.＿＿＿＿＿＿＿＿＿＿＿＿＿＿＿＿＿＿＿＿＿＿＿＿

3.＿＿＿＿＿＿＿＿＿＿＿＿＿＿＿＿＿＿＿＿＿＿＿＿

4.＿＿＿＿＿＿＿＿＿＿＿＿＿＿＿＿＿＿＿＿＿＿＿＿

第 21 天：_____月_____日

1.＿＿＿＿＿＿＿＿＿＿＿＿＿＿＿＿＿＿＿＿＿＿＿＿

2.＿＿＿＿＿＿＿＿＿＿＿＿＿＿＿＿＿＿＿＿＿＿＿＿

3.＿＿＿＿＿＿＿＿＿＿＿＿＿＿＿＿＿＿＿＿＿＿＿＿

4.＿＿＿＿＿＿＿＿＿＿＿＿＿＿＿＿＿＿＿＿＿＿＿＿

自我接纳

有些所谓"再怎么努力也改不了的缺点"（我们将用"特点"称呼它），不妨换个角度欣赏它。你需要知道，不接纳并不能证明你强大，接纳才能说明你足够强大。一个不能自我接纳的人，是无法发自内心地相信自己的。

请在下方的横线上列出你认为自己无法改变的特点，并用另一个角度欣赏它。比如："我无法改变的特点是个子矮，我选择换个角度欣赏这个特点，我发现我是一个中心很稳且动作灵巧的人。"

你无法改变的特点是：_____

你选择换个角度欣赏这个特点，你发现自己是一个_____
_____的人。

你无法改变的特点是：_____

你选择换个角度欣赏这个特点，你发现自己是一个_____
_____的人。

你无法改变的特点是：_____

你选择换个角度欣赏这个特点，你发现自己是一个_____
_____的人。

如果觉得不够写，那么可以加一张喜欢的纸进来。

摆脱习惯性负向思维——转念的力量

一念天堂、一念地狱。其实大部分的伤害都是自己找的，事情本身并没有伤害到我们，但我们对事情的理解角度却深深地伤害了我们。如果懂得转念，就掌握了冲出地狱的法门，只要好好修炼就能学会。

事件 1

第 1 步：抽一张东方真我图，代表过去发生过的自认为负面的事件。

_____

第 2 步：你选择换一个视角看待它，你发现它是来帮助你的（比如，锻炼了什么能力、开阔了什么眼界、增长了什么智慧、汲取了什么经验，等等）。

_____

第 3 步：转念后，你发现有些感觉变了。

_____

事件 2

第 1 步：抽一张东方真我图，代表过去发生过的自认为负面的事件。

_____

第 2 步：你选择换一个视角看待它，你发现它是来帮助你的（比如，锻炼了什么能力、开阔了什么眼界、增长了什么智慧、汲取了什么经验，等等）。

_____

第 3 步：转念后，你发现有些感觉变了。

_____

事件 3

第 1 步：抽一张东方真我图，代表过去发生过的自认为负面的事件。

_____

_____

第 2 步：你选择换一个视角看待它，你发现它是来帮助你的（比如，锻炼了什么能力、开阔了什么眼界、增长了什么智慧、汲取了什么经验，等等）。

_____

_____

第 3 步：转念后，你发现有些感觉变了。

_____

_____

事件 4

第 1 步：抽一张东方真我图，代表过去发生过的自认为负面的事件。

_____

_____

第 2 步：你选择换一个视角看待它，你发现它是来帮助你的（比如，锻炼了什么能力、开阔了什么眼界、增长了什么智慧、汲取了什么经验，等等）。

_____

_____

第 3 步：转念后，你发现有些感觉变了。

_____

_____

不怕冲突 拒绝服从

有时，你可能明明知道拒绝了也不会怎么样，但就是不敢。这很可能是因为你从小到大习惯了用服从来获得安全感，长大后反而因为不会拒绝而屡屡受伤。请你认真完成以下 12 个拒绝练习，你会慢慢拥有拒绝的能力。

第 1 步：整理出所有你想拒绝的事情，并给它们的难度打分（最低 0 分，最高 10 分）。

1.＿＿＿分｜我想拒绝：＿＿＿＿＿＿＿＿＿＿＿＿＿＿＿＿＿＿＿

2.＿＿＿分｜我想拒绝：＿＿＿＿＿＿＿＿＿＿＿＿＿＿＿＿＿＿＿

3.＿＿＿分｜我想拒绝：＿＿＿＿＿＿＿＿＿＿＿＿＿＿＿＿＿＿＿

4.＿＿＿分｜我想拒绝：＿＿＿＿＿＿＿＿＿＿＿＿＿＿＿＿＿＿＿

5.＿＿＿分｜我想拒绝：＿＿＿＿＿＿＿＿＿＿＿＿＿＿＿＿＿＿＿

6.＿＿＿分｜我想拒绝：＿＿＿＿＿＿＿＿＿＿＿＿＿＿＿＿＿＿＿

7.＿＿＿分｜我想拒绝：＿＿＿＿＿＿＿＿＿＿＿＿＿＿＿＿＿＿＿

8.＿＿＿分｜我想拒绝：＿＿＿＿＿＿＿＿＿＿＿＿＿＿＿＿＿＿＿

9.＿＿＿分｜我想拒绝：＿＿＿＿＿＿＿＿＿＿＿＿＿＿＿＿＿＿＿

10.＿＿＿分｜我想拒绝：＿＿＿＿＿＿＿＿＿＿＿＿＿＿＿＿＿＿＿

11.＿＿＿分｜我想拒绝：＿＿＿＿＿＿＿＿＿＿＿＿＿＿＿＿＿＿＿

12.＿＿＿分｜我想拒绝：＿＿＿＿＿＿＿＿＿＿＿＿＿＿＿＿＿＿＿

第2步：从最容易的事开始，想好自己打算怎么说，可以有多种方案。

1. 你要对_____说：_____

_____

　　如果你做到了，就要奖励自己：_____

　　累计完成次数：_____

2. 你要对_____说：_____

_____

　　如果你做到了，就要奖励自己：_____

　　累计完成次数：_____

3. 你要对_____说：_____

_____

　　如果你做到了，就要奖励自己：_____

　　累计完成次数：_____

4. 你要对_____说：_____

_____

　　如果你做到了，就要奖励自己：_____

　　累计完成次数：_____

5. 你要对_____说：_____

_____

　　如果你做到了，就要奖励自己：_____

　　累计完成次数：_____

6. 你要对_____说：_____

_____

如果你做到了，就要奖励自己：_____

累计完成次数：_____

7. 你要对_____说：_____

_____

如果你做到了，就要奖励自己：_____

累计完成次数：_____

8. 你要对_____说：_____

_____

如果你做到了，就要奖励自己：_____

累计完成次数：_____

9. 你要对_____说：_____

_____

如果你做到了，就要奖励自己：_____

累计完成次数：_____

10 你要对_____说：_____

_____

如果你做到了，就要奖励自己：_____

累计完成次数：_____

11. 你要对_____说：_____

_____

如果你做到了，就要奖励自己：_____

累计完成次数：_____

12. 你要对_____说：_____

_____

如果你做到了，就要奖励自己：_____

累计完成次数：_____

在你完成以上 12 个拒绝后，你的新发现：_____

_____

_____

_____

你想对自己大声说：_____

_____

_____

_____

恭喜你，这次的奖励是拥有拒绝的能力！

重新养育自我

外界是爱的陪衬，不是爱的支撑。总是向外依赖、苛求获得爱，那么一旦得不到就会觉得自己像是个被遗弃的小孩。太渴望爱又无法获得爱本身，你需要养育内在小孩长大，去体验一个成熟心智的精神世界的自由与安稳。

你理想中的父母会如何对待你（比如，他们会做什么或是说什么）？

当你分享快乐时，他们会：

_____

当你挫败时，他们会：

_____

当你犯错时，他们会：

_____

当你调皮时，他们会：

_____

当你被欺负时，他们会：

_____

当你获得赞赏时，他们会：

_____

当你怯懦时，他们会：

_____

当你贪玩时，他们会：

_____

当你寻求安慰时，他们会：

_____

你理想中的恋人会如何对你（比如，他／她会做什么或是说什么）？

当你表达爱意时，他／她会：

_____

当你吃醋时，他／她会：

_____

当你遇到糟心事时，他／她会：

_____

当你自卑时，他／她会：

_____

当你黏人时，他／她会：

_____

当你心情不好时，他／她会：

_____

当你迷茫时，他／她会：

_____

当你希望听到甜言蜜语时，他／她会：

_____

当你没有安全感时，他／她会：

_____

当你获得成就时，他／她会：

_____

当你提出要求时，他／她会：

_____

你理想中的朋友会如何对你（比如，他／她会做什么或是说什么）？

当你需要帮助时，他／她会：

_____

当你想出去玩时，他／她会：

_____

当你工作压力太大时，他／她会：

_____

当你想喝一杯时，他／她会：

_____

当你感情失意时，他／她会：

_____

当你遇到困境时，他／她会：

_____

当你非常得意时，他／她会：

_____

当你被欺负时，他／她会：

_____

当你分享趣事时，他／她会：

_____

当你吐槽时，他／她会：

_____

当你遭遇不公对待时，他／她会：

_____

请用你期待别人对待你的方式来对待自己。以下是事件记录。

今天是_____月_____日，当你_____的时候，你用理想中的_____对待自己。你对自己说：_____
_____
_____。

今天是_____月_____日，当你_____的时候，你用理想中的_____对待自己。你对自己说：_____
_____
_____。

今天是_____月_____日，当你_____的时候，你用理想中的_____对待自己。你对自己说：_____
_____
_____。

今天是_____月_____日，当你_____的时候，你用理想中的_____对待自己。你对自己说：_____
_____
_____。

哇，你居然已经做了这么多！你真的太爱自己了，你想说：_____
_____。

潜意识重建——无条件的爱

每天早起刷牙时用左手，面对镜子说："我爱你，没有任何条件，就是爱你。我的存在就是这个世界的奇迹！"即使你在刷牙说不清晰也没关系，即使一开始你并不相信你所说的也没关系。重点在于每天进行，可以配合能提升气势的音乐库。

如果可以，最好养成这个习惯，直到你感觉说这些话时自然而愉悦。请在下方的横线上记录你每天这么做时的感觉。

1. 第_____天，你感觉：_____

2. 第_____天，你感觉：_____

3. 第_____天，你感觉：_____

4. 第_____天，你感觉：_____

5. 第_____天，你感觉：_____

6. 第_____天，你感觉：_____

7. 第_____天，你感觉：_____

8. 第_____天，你感觉：_____

9. 第_____天，你感觉：_____

10. 第_____天，你感觉：_____

11. 第_____天，你感觉：_____

12. 第_____天，你感觉：_____

13. 第_____天，你感觉：_____

当你不允许时，没人能伤害你。

请记住，别怕别人的评价，因为没有人能真的伤害你，除非你允许。

你曾经允许了哪些话来伤害你	不！你不认同这句话，因为：

与过往的自己告别

首先，你要感谢过往的自己，因为：＿＿＿＿＿＿＿＿＿＿＿＿＿＿＿

＿＿＿＿＿＿＿＿＿＿＿＿＿＿＿＿＿＿＿＿＿＿＿＿＿＿＿＿＿＿＿＿

其次，你要对过往的自己说：＿＿＿＿＿＿＿＿＿＿＿＿＿＿＿＿＿＿

＿＿＿＿＿＿＿＿＿＿＿＿＿＿＿＿＿＿＿＿＿＿＿＿＿＿＿＿＿＿＿＿

最后，你要自渡。未来的你在＿＿＿＿年后，会成为＿＿＿＿＿＿＿的
自己，＿＿＿＿＿＿＿＿＿过着＿＿＿＿＿＿＿＿＿的生活。

那时，当你面对自己的内心时，你能：＿＿＿＿＿＿＿＿＿＿＿＿＿

＿＿＿＿＿＿＿＿＿＿＿＿＿＿＿＿＿＿＿＿＿＿＿＿＿＿＿＿＿＿＿＿

当你独自一人时，你会：＿＿＿＿＿＿＿＿＿＿＿＿＿＿＿＿＿＿＿＿

＿＿＿＿＿＿＿＿＿＿＿＿＿＿＿＿＿＿＿＿＿＿＿＿＿＿＿＿＿＿＿＿

当你面对父母时，你可以：＿＿＿＿＿＿＿＿＿＿＿＿＿＿＿＿＿＿＿

＿＿＿＿＿＿＿＿＿＿＿＿＿＿＿＿＿＿＿＿＿＿＿＿＿＿＿＿＿＿＿＿

当你遭受到挫折时，你能提醒自己：＿＿＿＿＿＿＿＿＿＿＿＿＿＿＿

＿＿＿＿＿＿＿＿＿＿＿＿＿＿＿＿＿＿＿＿＿＿＿＿＿＿＿＿＿＿＿＿

当你遇到爱情时，你会明白：＿＿＿＿＿＿＿＿＿＿＿＿＿＿＿＿＿＿

＿＿＿＿＿＿＿＿＿＿＿＿＿＿＿＿＿＿＿＿＿＿＿＿＿＿＿＿＿＿＿＿

当你回首来时的路，你会感谢：＿＿＿＿＿＿＿＿＿＿＿＿＿＿＿＿＿

＿＿＿＿＿＿＿＿＿＿＿＿＿＿＿＿＿＿＿＿＿＿＿＿＿＿＿＿＿＿＿＿

当你转身奔向未来，你会知道：＿＿＿＿＿＿＿＿＿＿＿＿＿＿＿＿＿

＿＿＿＿＿＿＿＿＿＿＿＿＿＿＿＿＿＿＿＿＿＿＿＿＿＿＿＿＿＿＿＿

与心初见

请务必在完成前面的所有内容后再来完成这次见面。它是你非常喜欢的样子，但又不能确定是什么样的。

恭喜你，修炼了一颗更强大、更自由的心。选一个心情不错的日子，从音乐库中选择一首最适合的音乐（不带歌词的音乐），用来与这颗修炼多时的心初次见面吧。

你选择用_____这首曲子来迎接这一美妙时刻的到来。可能还有一些小小的仪式，比如，洗个热水澡、买一捧鲜花、买一瓶自己喜爱的香熏精油、重温最有成就感的部分，等等。

打开音乐，闭上眼睛，将灯光调至微暗，让自己进入平静、安宁的状态，确保你的身体是放松的。你将会看到一颗重生的心，它正缓慢而强有力地跳动着。

它的颜色是：_____

它的形状是：_____

它的温度是：_____

它最特别的地方是：_____

你最喜欢的部分是：_____

轻轻地睁开眼睛，双手放在心脏的位置。

深深地感受它，此刻你想对未来的自己说：_____
_____
_____